KB252124

케이크 쿠키

화려한 토핑과
쫀득한 식감으로
완 성 하 는
나 만 의 쿠 키

케이크 쿠키

화려한 토핑과 쫀득한 식감으로 완성하는 나만의 쿠키

—

2024년 02월 19일 1판 1쇄 인쇄
2024년 02월 26일 1판 1쇄 발행

—

지은이 유미라
펴낸이 이상훈
펴낸곳 책밥
주소 03986 서울시 마포구 동교로23길 116 3층
전화 번호 02-582-6707
팩스 번호 02-335-6702
홈페이지 www.bookisbab.co.kr
등록 2007.1.31. 제313-2007-126호

—

기획 정채영
디자인 디자인허브

ISBN 979-11-93049-33-4 (13590)
정가 24,000원

ⓒ 유미라, 2024

CAKE COOKIE

케이크 쿠키

책밥

〈양과자점 플레지르〉는 '달콤한 과자가 주는 기쁨'이라는 의미를 가져요. 오븐 속에서 부푼 반죽의 과자의 고소하고 달콤한 향으로 키친은 금세 기쁨으로 가득 차게 되죠. 저마다의 마음에는 기쁨의 구름이 있어요. 그 크기는 매우 작아 평상시에는 잘 보이지 않을 수 있지만, 갓 구운 따뜻한 과자를 즐기는 순간 기쁨의 구름은 몽글몽글 피어나게 돼요.

〈양과자점 플레지르〉는 상상하는 모든 것이 일어나는 공간이기도 해요. 달콤한 마시멜로 유니콘이 뛰놀고 새콤한 설탕 젤리 무지개가 보석처럼 반짝이며 버터 스카치 몬스터가 쿠키를 우걱우걱 집어먹는, 흥미 진진한 이야기 가득한 환상의 나라랍니다. 케이크와 쿠키를 합친 케이크 쿠키는 어린시절의 아름다운 기억을 상기시키고 지친 삶에서 작은 기쁨을 주고자 하는 소망에서 탄생했어요. 크림치즈가 듬뿍 들어간 촉촉하고 꾸덕꾸덕한 쿠키 위에 나만의 상상력을 더하면 평범했던 쿠키가 특별한 쿠키가 돼요. 마법 같은 일이죠. 어떤 것이라도 케이크 쿠키가 될 수 있어요. 〈케이크 쿠키〉의 레시피 따라 뽀얀 밀가루를 손에 묻히고 부드러운 버터를 휘젓다 보면 맛도리 쿠키가 탄생한답니다.

이 책을 활용하는 방법은 아래와 같아요.

첫 번째, 상상해요. 나만의 맛도리 동산의 신비로운 맛도리 쿠키들은 어떤 식감일까요? 어떤 맛과 냄새가 날까요? 눈을 감고 자유롭게 그려 보세요.

두 번째, 상상한 맛도리 쿠키를 만들기 위한 레시피를 선택해요. 어떤 것을 만들지, 어떻게 만들지 잘 모르겠다고요? 괜찮아요. 그저 눈을 감고 책의 아무 페이지나 펼쳐 보세요!

세 번째, 내 취향의 초콜릿 크림을 선택해요. 다양한 토핑 재료를 올려 장식해 보고 여러 가지 크림을 올려 멋스럽고 맛있게 완성해 보세요.

자, 이제 우리의 맛도리 여정이 시작되었어요. 전혀 어울리지 않을 것 같은 엉뚱한 조합이면 어때요! 삶의 기쁨은 별거 아닌 엉뚱함에서 시작돼요. 그 순간은 대개 사소하고 작죠. 〈케이크 쿠키〉를 통해 울퉁불퉁 모난 쿠키가 주는 삶의 기쁨을 경험해 보길 바라요!

이제 우리 함께 어깨동무하고 나만의 맛도리를 찾으러 떠나 볼까요?

차례

양과자점 플레지르의
맛도리 동산에 오신 것을
환영합니다!

쿠키가 꼭 심플해야 할까요?

케이크는 꼭 부드러워야만 할까요?

케이크의 알록달록한 비주얼에

쿠키의 쫀득한 식감을 더한 케이크 쿠키는

달콤한 디저트 여정의 새로운 시작이에요!

이 책에는 케이크 쿠키를 만들기까지의 과정과

홈베이커의 일상에 작은 기쁨을 주는

맛있는 이야기가 담겨있어요.

레시피마다 숨은 케이크 쿠키의

달콤한 비밀을 발견해 보세요!

1. 케이크 쿠키의 계량법

정밀한 계량은 베이킹의 핵심이에요. 이 책에서는 소수점 계량을 강조하며 특히 베이킹소다, 식물성오일 등의 재료를 개량할 땐 반드시 미량계 저울을 사용해야 해요. 색소의 경우 리퀴드 타입을 사용했으며, 이 책에 등장하는 '방울' 계량의 경우 리퀴드 타입의 수용생 색소가 한 방울씩 떨어지는 양을 기준으로 해요. 방울 계량의 경우 젤 타입이나 가루 타입에는 적합하지 않으니 반드시 리퀴드 타입을 사용해 주세요.

2. 케이크 쿠키의 재료

♥ **메인 재료(쿠키 반죽)** 쿠키 반죽을 만들 때 사용하는 반죽이에요. 이 책에서는 강력분과 중력분을 번갈아 가며 사용하여 쫀득쫀득하고 무거운 식감을 강조했어요. 속 재료와 토핑 재료에 들어가는 크림치즈와 생크림 등은 수분이 많은 재료이기 때문에 구조가 쉽게 흐트러지고 물렁물렁해질 수 있어요. 강력분과 중력분의 글루텐이 이러한 구조를 잡아주는 역할을 해요.

♥ **속 재료** 쿠키 반죽에 넣는 꾸덕꾸덕한 크림치즈 베이스예요. 이 책에서는 유지방 함량이 풍부한 미국산 크림치즈를 사용했어요. 우유 함량이 높은 크림치즈는 제조사에 따라 다소 묵직하고 수분이 많아 모양이 흐트러질 수 있으니 주의해 주세요.

♥ **토핑 재료** 녹인 초콜릿부터 다양한 크림 등으로 케이크 쿠키에 화려함을 더해요. 이 책의 토핑 재료에 표기된 '초콜릿 크림'은 양생용 초콜릿과 커버춰초콜릿 등을 녹여 만든 토핑용 초콜릿이에요. 완성 단계에서 케이크 쿠키 위에 듬뿍 뿌리거나 잘 펴 발라 맛과 재미를 더해요. 동물성 휘핑크림이나 생크림 등을 사용하지 않은 경우에도 편의상 초콜릿 크림이라고 표기해 두었으니 만들 때 참고해 주세요.

♥ **장식 재료** 시판용 과자나 시리얼, 초콜릿 등을 사용하여 케이크 쿠키에 스토리를 더해요. 달콤한 맛도리 동산에는 어떤 케이크 쿠키들이 뛰놀지, 여러분의 상상 속 케이크 쿠키를 위해 대부분 '좋아하는 과자'로 표기해 두었어요.

3. 케이크 쿠키의 보관 및 방법

밀폐용기에 담은 후 냉장 보관하여 2~3일 정도 지났을 때 먹으면 가장 맛있어요. 쿠키 반죽의 유지와 수분이 골고루 배면서 꾸덕꾸덕하고 쫀득한 식감을 입안 가득 느낄 수 있어요. 냉동 보관할 경우 밀폐용기에 담아 약 한 달까지 보관 가능해요. 냄새가 나지 않는 밀폐용기를 사용해 케이크 쿠키에 냄새가 배지 않도록 해 주세요.

4. 작업 시 중요한 포인트

💚 **작업실 온도** 버터나 초콜릿은 온도에 민감한 재료이기도 하고, 작업실이 너무 덥거나 추우면 좋은 반죽을 완성하기 어려워요. 따라서 작업실 온도는 20~23℃로 맞춰 주세요. 작업실 온도가 관리되지 않는다면 예쁜 모양의 케이크 쿠키를 완성하기 어려워요.

💚 **냉장 휴지** 쿠키 반죽 시 가루 재료를 주걱으로 자르듯 섞다가 손으로 치대며 마무리하는데, 이는 반죽의 구조 형성에 필요한 글루텐을 만드는 작업이에요. 반죽에 윤기가 나며 매끈한 질감이 느껴질 때 바로 멈춰야 오븐 안에서 구워졌을 때 지나치게 단단해지지 않아요. 또한 완성한 반죽을 랩핑하여 냉장 휴지하게 되면 글루텐이 수축하면서 수분과 유지가 반죽에 골고루 퍼지게 돼요. 맛있는 케이크 쿠키가 될 수 있도록 꼭 반죽에 쉬는 시간을 주세요.

💚 **버터의 온도** 버터의 온도는 매우 중요해요. 뜨거운 버터는 밀가루의 전분을 호화시켜 반죽이 지나치게 부푸는 원인이 돼요. 반대로 차가운 버터는 수분 재료와 잘 유화되지 않아 쿠키 반죽이 쉽게 노화되고 푸석푸석해져요.

💚 **초콜릿 온도** 온도에 예민한 재료인 초콜릿은 용해 온도를 벗어나면 쉽게 굳거나 타버릴 수 있어요. 따라서 초콜릿을 녹일 땐 중탕물을 사용하거나 전자레인지를 사용해 녹여 주세요. 전자레인지 사용 시에는 짧게 끊어 돌리고, 중탕 시에는 초콜릿에 물이 들어가지 않게 주의해 주세요.

5. 실패율을 줄이는 포인트

💚 **레시피 재료 지키기** 홈베이킹을 할 때 레시피 재료를 임의로 바꿔 만드는 경우가 종종 있어요. 이럴 경우 실패할 확률이 높아집니다. 이 책에서 사용한 재료는 모두 국내에서 쉽게 구할 수 있기 때문에 되도록 레시피에 적힌 재료를 그대로 사용해 만들어 주세요.

💚 **베이킹소다 사용하기** 베이킹소다와 베이킹파우더는 이론상 팽창력에서 1:3 정도의 비율로 큰 차이를 가져요. 베이킹소다는 반죽을 알칼리성으로 만들기 때문에 메일러드 반응이 활발히 일어나 먹음직스러운 구움색이 생겨요. 그러므로 케이크 쿠키를 만들 땐 꼭 베이킹소다를 사용해 주세요.

💚 **정량의 설탕 사용하기** 설탕은 단맛을 내는 역할뿐만 아니라 과자의 보습, 유화, 풍미, 식감, 보존을 위한 중요한 재료예요. 따라서 설탕의 양을 임의로 줄이지 않도록 해 주세요.

💚 **반죽 치대지 않기** 밀가루의 단백질은 수분을 만나면 글루텐으로 활성화되는데, 손으로 조물조물 만질수록 글루텐이 더 많이 생성되며 단단한 결집력을 가져요. 특히 가루 재료를 넣고 주걱으로 섞을 때에는 반드시 주걱을 세워 칼로 자르듯 반죽해야 해요. 그래야 마무리 과정에서 주걱이나 손으로 반죽을 치댈 때 적정량의 글루텐이 생성돼요.

💚 **오븐 사용하기** 케이크 쿠키의 굽는 온도는 모두 오븐을 기준으로 작성되었어요. 가정용 에어프라이어의 경우 크기가 작고 열 전달이 고루 되지 않아 과자를 굽기에 적합하지 않아요. 또한 반죽을 오븐에 넣고 '알아서 되겠지' 하는 마음으로 방치하지 말아 주세요. 예열부터 반죽을 넣은 이후의 온도 조절까지 모두 베이커의 섬세한 관심이 있어야 맛있는 케이크 쿠키가 완성되니, 오븐이 혼자서 사고 치지 않도록 옆에서 끝까지 주시해 주세요.

💚 **적정량의 반죽 굽기** 한번에 많은 반죽을 굽지 않도록 해요. 굽는 양이 많을수록 오븐 내에는 수증기와 가스가 많이 발생하게 되는데, 이는 반죽이 지나치게 팽창하거나 오븐 내부의 온도를 떨어트리는 원인이 되기도 해요. 그렇기 때문에 사용하는 오븐의 용량에 맞춰 적정량을 넣어 굽는 것이 좋아요.

버터

녹인 버터를 사용하면 공기 포집이 어려워 밀도 있는 과자를 만들 때 좋아요. 포마드 상태(마요네즈 되기의 부드러운 상태)의 버터는 다른 재료와 쉽게 혼합되기 때문에 초콜릿 가나슈 등에 넣어 사용하는 등 부드럽게 녹는 식감을 만들 때 주로 사용하기도 해요.

밀가루

반죽에 가스나 수증기가 생기면 그것을 감싼 밀가루가 부풀게 되는데, 수분이 많거나 토핑 재료가 무거울 경우 밀가루 반죽은 부풀지 못해요. 적당히 부풀기 위해선 그만큼 힘 있는 반죽이 필요한데, 박력분은 수분이 많은 재료를 힘 있게 지탱하기 힘들기 때문에 이 책에서는 주로 강력분을 사용해요.

설탕

단맛을 내는 설탕은 과자의 보습, 유화, 식감, 풍미, 보존을 높이는 재료예요. 백설탕은 정제된 설탕으로 깔끔한 단맛을 내지만 과자의 구움색을 약하게 만들 수 있어요. 따라서 설탕의 진한 풍미나 구움색을 원하지 않을 때 주로 사용해요. 황설탕은 정제된 설탕에 열을 가해 원당의 풍미를 더한 설탕으로, 백설탕에 비해 진한 풍미와 구움색을 가져요.

크림치즈

크림치즈는 제조사에 따라 유지방 수분 함량, 나트륨, 산미 등에 차이가 있어요. 유지방 함량이 높을수록 농후한 맛이 나고 우유 함량이 높을수록 담백한 맛이 나요. 이 책에서는 유지방 함량이 높은 크림치즈를 사용해 농후한 맛을 강조했어요.

슈거파우더

가루 설탕(분당)은 입자가 작기 때문에 공기 중의 수분과 만났을 때 설탕이 딱딱하게 굳어 사용이 어려울 수 있어요. 이 책에서 사용한 전분 5%가 포함된 슈거파우더의 경우 전분 성분이 가루 설탕을 코팅하여 공기 중의 수분을 흡수하는 것을 방지해요.

물엿

수분 함량이 14% 정도로 높은 편인 물엿은 반죽에 수분을 공급하며 보습 효과를 지녀요. 열을 가하면 녹았다가 다시 온도가 낮아지면 설탕과 달리 딱딱하게 굳지 않기 때문에 과자의 쫀득한 식감 형성에 영향을 미쳐요. 올리고당이나 트리몰린, 꿀 등으로 대체하면 수분과 당도가 달라질 수 있으니 되도록 물엿을 사용해 주세요.

베이킹소다

알칼리성인 탄산수소나트륨으로 구성되어 있어요. 반죽의 산성 재료와 반응할 때 가스가 발생하면서 팽창하게 되는데, 소량으로도 베이킹파우더보다 큰 팽창력을 지녀요. 반죽은 알칼리성 환경에서 메일러드 반응(캐러멜화)이 좀 더 활발히 일어나기 때문에 예쁜 구움색을 얻고자 할 때 주로 사용하기도 해요.

달걀

수분을 공급하여 반죽의 글루텐 형성을 도와요. 달걀찜을 만들 때 액체 상태의 달걀이 찜 형태로 점점 응고되는 것처럼, 달걀의 단백질 또한 오븐 열에 의해 응고되어 반죽의 구조 형성에 영향을 미쳐요. 이로써 부드러운 식감이 되죠. 실온의 달걀을 사용하면 노른자와 흰자가 쉽게 혼합되고 다른 재료와도 잘 유화돼요. 이 책에서는 모두 실온 상태의 달걀을 사용했어요.

동물성 휘핑크림

생크림을 멸균처리한 동물성 휘핑크림의 경우 시중에 주로 유통되는 것은 유지방 함량이 35%인 제품이에요. 크림에 유지방 함량이 높을수록 수분은 그만큼 적어지는데, 우유는 묽은데 반해 크림이 걸쭉한 이유는 그만큼 수분 함량이 적고 지방 함량은 높기 때문이에요. 수분 함량이 다른 제품을 사용하면 결과물 또한 달라지기 때문에 유지방 함량 35% 이상의 동물성 휘핑크림을 사용해야 해요.

가루(분말)

황치즈, 아몬드, 말차, 딸기, 코코넛 등의 가루 재료는 주로 케이크 쿠키의 맛과 색을 좋게 하는 재료예요. 해외에서는 가루와 파우더의 명칭을 따로 구분하기도 하는데, 국내에서는 따로 구분하여 사용하지 않고 가루 타입의 재료는 모두 분말 또는 파우더라 칭하고 있어요.

식물성오일

주로 카카오버터로 구성된 초콜릿과 함께 사용하며 초콜릿이 잘 흐를 수 있게 해 주는 재료예요. 초콜릿에 식물성오일을 사용하면 발림성이 좋아 케이크 쿠키

LARSA
WHIPPING
CREAM
CREMA
PARA BATIR
1 L
35.1 % FAT
SIB
옥수수레진N
옥수수농축페이스트5%
당류가공품 앙금제품
1 kg
HDPE
8 809301 682579
소비기한
2024.04.25

위에 뿌려 예쁘게 장식할 수 있어요.

초콜릿　　**양생용 초콜릿**　이 책에서 사용한 양생용 초콜릿은 '준초콜릿'에 속해요. 준초콜릿은 초콜릿 국제 규격에 미치지 못하는 초콜릿을 말해요. 토핑 재료로 사용한 '코팅초콜릿'은 템퍼링(녹인 초콜릿을 식힌 후 다시 녹이는 과정을 반복하여 광택 있게 굳으며 잘 녹는 결정형만 남기는 과정)을 하지 않아도 광택이 나며 빠르게 굳는 장점이 있어요.

커버춰초콜릿　초콜릿 국제 규격에 포함되는 초콜릿으로, 높은 카카오 함량을 지닌 품질 좋은 베이킹 전용 초콜릿이에요. 다만 광택이 나게 굳히려면 템퍼링 과정을 반드시 거쳐야 해요.

블로섬 초콜릿컬　'꼬뽀'라고 불리는 초콜릿을 대패로 밀어 유통되는, 대패 모양의 초콜릿이에요. 주로 대량 생산되며 아름다운 모양을 지녀 장식용으로 많이 사용해요.

색소　　수용성 색소는 쿠키 반죽이나 케이크, 크림 등에 쉽게 혼합하여 용해되는 색소예요. 이 책에서 사용한 색소의 경우 리퀴드 타입으로 이외에도 젤 타입과 가루 타입의 색소가 있어요. 초콜릿 전용 색소는 유지로 구성된 초콜릿에 용해하여 사용하며, 초콜릿에 소량씩 넣어 색을 봐 가며 사용해요.

그 외 재료들　　**레진**　색, 향, 맛이 있는 시럽 타입의 향신료예요. 이 책에서는 케이크 쿠키의 색, 향, 맛을 직관적으로 표현할 때 주로 사용해요.

페이스트　퓌레보다 진득한 질감의 재료로, 농축되어 있어 깊고 진한 맛을 낼 때 주로 사용해요.

파에테포요틴　얇은 웨하스 조각으로 초콜릿에 넣어 굳히면 바삭하고 경쾌한 식감을 얻을 수 있어요.

견과류　견과류는 산소와 접촉할수록 쉽게 산폐되어 냄새가 날 수 있으므로 밀폐 용기에 넣어 냉동 보관하는 것이 좋아요. 또한 물에 삶거나 굽는 시간이 길어질수록 견과류 속 유지가 밖으로 방출되어 빠르게 산폐될 수 있으니 필요한 만큼만 조금씩 전처리하여 사용하는 것을 추천해요. 이 책에서는 꼭 필요한 경우가 아니면 전처리를 하지 않고 그대로 반죽에 넣었어요.

도구 탐구

오븐

이 책에서 사용한 오븐은 컨벡션 오븐(스메그 ALFA43K)으로, 뜨거운 열로 과자를 굽기 때문에 메일러드 반응을 촉진시켜 과자를 빠른 시간 내에 바삭하게 굽는데 효과적이에요. 과자를 굽기 전 15분 이상 충분히 예열하도록 하고, 많은 양의 반죽을 넣을 경우 오븐 내부의 온도가 내려갈 수 있으니 예열 온도를 10~40℃ 정도 유연하게 높이는 것이 좋아요.

계량저울

미량계 저울(0.1~1000g)과 일반 저울(1~5kg)로 구분돼요. 제물대가 넓은 것이 좋으며 베이킹소다, 베이킹파우더, 소금, 향신료 등과 같이 조금씩 사용해야 하는 재료의 경우 반드시 미량계 저울을 사용해 주세요.

볼

유리볼은 반죽의 작업 상태를 확인하기 쉬우며 스테인리스볼은 무게가 가볍고 내구성이 뛰어나다는 장점이 있어요. 편의에 맞게 좋아하는 볼을 사용해 주세요.

체

가루 재료의 뭉침을 없애고 수분 재료와 잘 섞이게끔 일종의 쿠션 역할을 해요. 액체 재료에 가루를 체 치지 않고 넣으면 가루가 뭉칠 수 있지만 가루 사이사이에 공기가 있으면 뭉치지 않고 잘 섞이게 돼요. 입자가 다소 굵은 아몬드가루를 체 칠 때에는 일반 체보다 망이 좀 더 굵은 자루체를 사용하면 좋아요.

핸드믹서

버터나 크림에 공기를 주입하는 역할을 해요. 유지방을 휘저어 충격을 가하면 지방이 부서졌다가 다시 재결합되는데, 재결합 과정에서 지방들이 중간에 들어온 공기를 둘러 싸며 공기가 포집되고 부피는 커지게 돼요. 핸드믹서는 이 과정을 빠르게 반복하는 편리한 도구예요.

주걱

주로 실리콘 주걱과 나무 주걱으로 분류돼요. 실리콘 주걱은 볼 벽면에 붙은 반죽을 깔끔하게 떼어 낼 수 있어 편리해요. 뜨거운 열을 가해 만드는 잼이나 콩포트 등에는 내열 주걱을 사용하는 것이 좋아요.

온도계

이 책에서는 적외선 온도계를 사용했어요. 적외선 온도계의 경우 적외선 에너지를 감지하여 온도를 측정해요. 직접 접촉하지 않고도 온도를 측정할 수 있어 뜨겁거나 접근성이 까다로운 재료의 표면 온도를 측정할 때 편리하지만, 내부 온도를 정확히 측정하는 데는 적합하지 않아요 내부 온도 측정 시에는 디지털 방식의 탐침 온도계 사용을 추천해요.

아이스크림 스쿱

이 책에서는 지름 4cm, 4.5cm, 5.5cm의 세 가지 아이스크림 스쿱을 사용했어요. 주로 속 재료와 토핑 재료 및 크림을 동그랗게 떠서 케이크 쿠키 위에 얹는 용도로 사용했어요. 얼어 있거나 딱딱한 반죽을 뜰 때 사용하면 스쿱이 쉽게 망가질 수 있으니 주의해 주세요.

오븐 팬

코팅되지 않은 오븐 팬에는 반드시 테프론시트나 유산지를 깐 후 그 위에 반죽을 올려 주세요. 코팅된 오븐 팬의 경우 오븐에 넣고 구워도 반죽이 팬에 달라붙지 않아 편리하지만 코팅이 벗겨지지 않도록 주의해 주세요.

테프론시트

테프론 코팅이 되어 있어 중성세제로 세척 가능하며 반영구적으로 사용 가능한 베이킹 시트예요. 오븐에서 반죽이 구워지는 동안 뜨거운 열기로 인해 화학 작용이 일어나게 돼요. 이때 유지나 수분, 당이 캐러멜화 되어 반죽 바깥으로 흐를 수 있는데, 테프론시트는 반죽이 오븐 팬에 달라붙지 않도록 해요. 이 책에서는 캐러멜화된 견과류를 식힐 때 주로 사용했으며, 뜨거운 바람이 나오지 않는 오븐에서는 종이포일이나 유산지로 대체할 수 있어요.

짤주머니, 모양깍지

비닐 짤주머니는 위생적이며 간편하게 사용할 수 있어 편리해요. 모양깍지는 크림을 모양 내어 예쁘게 짜 올리는데 사용되며, 이 책에서는 주로 몽블랑 깍지를 사용했어요.

내열용기

초콜릿과 버터는 35~50℃ 이상의 온도에서 녹아요. 그렇기 때문에 따뜻한 물에 중탕하거나 전자레인지에 여러 번 돌려 녹여야 하며, 전자레인지 사용 시에는 반드시 내열용기를 사용해 주세요.

푸드프로세서 재료를 혼합하여 다질 때 유용한 도구로, 칼 날이 한 방향으로 되어 있어 재료를 적당한 크기로 분쇄하기 편리해요. 이 책에서는 주로 견과류나 초콜릿 등을 다질 때 사용했으며 푸드프로세서 대신 칼로 다져도 괜찮아요.

◆ 맛도리 케이크 쿠키를 위한 빌드업 ◆

♡ 작업실 온도는 20~23℃로 맞춰 주세요.

♡ 오븐은 190~200℃로 예열해 주세요.

♡ 각 레시피의 쿠키 반죽용 재료는 모두 실온 상태로 준비하고 달걀은
미리 풀어 주세요.

♡ 각 레시피의 쿠키 반죽용 버터는 중탕하거나 전자레인지에 돌려
40~45℃로 완전히 녹여 주세요.

♡ 각 레시피의 쿠키 반죽용 가루 재료는 함께 체 쳐 준비합니다.

♡ 레시피의 초콜릿 크림용 초콜릿은 함께 중탕하거나 전자레인지에 짧게
끊어 돌려 완전히 녹여 주세요.

CAKE COOKIE

이것은 케이크인가 쿠키인가!
심플한 쿠키는 저리 가라!

이 책에서 소개하는 33가지의 케이크 쿠키는 일반 쿠키에 비해 크기가 크며 유독 울퉁불퉁 굴곡진 모양이에요. 쫀득하고 부드러운 식감은 마치 케이크를 떠먹는 것 같은 느낌이 들어요. 초콜릿, 마시멜로, 시리얼, 과자 등 쿠키 위를 장식하는 휘황찬란한 재료들은 만드는 이와 받는 이 모두를 행복하게 하죠. 제철 과일도 올려 보고, 좋아하는 과자나 젤리를 듬뿍 꽂아 세상에서 하나뿐인 어마어마한 맛도리 케쿠를 만들어 보아요!

1

정복하자 몽블랑

보늬밤 케쿠

몽블랑은 프랑스와 이탈리아 국경에 위치한 몽블랑산(Mont Blanc)을 본따 만든 디저트예요. 밤 퓌레를 국수모양으로 뱅글뱅글 짜 올려 완성시키는데, 달콤한 머랭이 사르르 녹으면서 느껴지는 녹진하고 달콤한 밤 맛이 인상적인 디저트 랍니다. 가을이면 생각나는 달콤한 몽블랑 디저트, 시판용 보늬밤 조림으로도 맛있게 만들 수 있으니 함께 만들어 보아요!

도구 계량저울, 체, 볼, 주걱, 핸드믹서, 아이스크림 스쿱, 푸드프로세서, 오븐 팬, 적외선 온도계, 랩

재료
4개 분량

메인 · · · **쿠키 반죽**
버터 58g 흑설탕 75g 소금 0.7g 물엿 18g 밤레진 14g
달걀 20g 강력분 125g 아몬드가루(95% 아몬드분말) 30g 베이킹소다 1.3g

속 · · · **보늬밤 크림치즈**
크림치즈 100g 밤레진 11g 슈거파우더(전분 5% 함유) 20g
강력분 12g 보늬밤(다진 것) 80g

토핑 · · · **보늬밤 크림**
보늬밤 80g(푸드프로세서에 곱게 갈아 준비) 동물성 휘핑크림(유지방 35% 함유) 80g 흑설탕 10g

장식 · · · 보늬밤 4개 맛밤 적당량 초코시럽 적당량 데코스노우 적당량
금박 적당량 다크블로섬 초콜릿컬 적당량

만드는 법

보늬밤 크림치즈

1   볼에 크림치즈를 넣고 주걱으로 풀어 주세요.

2   밤 레진을 넣고 골고루 섞어 주세요.

3   체 친 슈거파우더와 강력분을 넣고 골고루 섞어 주세요.

4   다진 보늬밤을 넣고 가볍게 섞어 주세요.

5   완성한 보늬밤 크림치즈는 랩핑하여 반나절~하루 동안 냉장 휴지해 주세요.

쿠키 반죽

1 볼에 흑설탕과 소금을 넣고 주걱으로 섞은 후 녹인 버터를 넣고 가볍게 섞어 주세요.

2 1에 물엿, 밤레진, 달걀을 넣고 완전히 섞어 주세요.

3 체 친 강력분, 아몬드가루, 베이킹소다를 넣고 주걱으로 가르듯 섞어 주세요.

4 가루가 보이지 않으면 주걱이나 손으로 가볍게 치대어 찰기 있고 윤기 나는 반죽을 만들어 주세요.

   🧂 대량으로 반죽할 경우 체중을 실어 손바닥으로 반죽을 치대는 것이 좋습니다.

5 완성한 반죽은 랩핑하여 20분간 냉장 휴지해 주세요.

   🧂 완성한 반죽의 적정 온도는 24~26℃입니다.

6 냉장 휴지한 반죽은 4등분 한 후 손바닥 크기 정도로 눌러 주세요.

   🧂 휴지가 끝난 반죽의 적정 온도는 18~19℃입니다.

7 6의 반죽 위에 보늬밤 크림치즈를 올린 후 손으로 동그랗게 감싸 주세요.

8 180℃에서 11분간 구운 후 팬째 완전히 식혀 주세요.

보늬밤 크림

1   볼에 곱게 간 보늬밤과 동물성 휘핑크림, 흑설탕을 넣고 주걱으로 골고루 섞어 주세요.

2   핸드믹서로 부드러운 뿔이 생길 정도로 휘핑해 주세요.

     동물성 휘핑크림의 온도가 5℃ 정도일 때 가장 안정적으로 휘핑할 수 있어요.

3   완성한 보늬밤 크림은 사용 전까지 차갑게 보관해 주세요.

완성

1   아이스크림 스쿱으로 보늬밤 크림 1/2 분량을 뜬 후 그 안에 장식용 보늬밤을 넣어 주세요.

2   완전히 식은 케이크 쿠키 위에 1을 얹은 후 장식용 재료를 올려 주세요.

2

민초동자

민트 초코 케쿠

민트 초코 좋아하시나요? 치약맛이 난다는 그런 슬픈 말은 마세요! 그런 말을 들으면 제 안의 민초동자가 잠에서 깨어나려고 한다구요! 민트 초코의 시원하고 달콤한 맛이 매력적인 사계절 중 특히 여름에 잘 어울리는 케쿠, 민초동자를 함께 만들어 보아요.

도구

계량저울, 내열용기, 체, 볼, 주걱, 핸드믹서, 아이스크림 스쿱, 쿠키 팬, 적외선 온도계, 랩

재료
4개 분량

메인 · · · **쿠키 반죽**
버터 58g 백설탕 75g 소금 0.7g 물엿 32g 달걀 20g 민트오일 0.6g 강력분 125g 아몬드가루(95% 아몬드분말) 30g 베이킹소다 1.3g 수용성 색소(스카이 블루) 5방울 다크청크초코칩(다진 것) 35g

속 · · · **코코아민트 크림치즈**
크림치즈 150g 민트오일 0.6g 슈거파우더(전분 5% 함유) 35g 중력분 5g 코코아가루 7g

토핑 · · · **초콜릿 크림**
화이트커버춰초콜릿(중탕하거나 전자레인지에 녹여 준비) 60g 동물성 휘핑크림(유지방 35% 함유) 30g 민트오일 0.4g 버터(포마드 상태로 준비) 50g 수용성 색소(스카이 블루) 2방울 다크청크초코칩(다진 것) 17g

장식 · · · 민트화이트초코블럭 적당량 초코쿠키크런치 적당량

코코아민트 크림치즈

1 볼에 크림치즈를 넣고 주걱으로 풀어 주세요.

2 체 친 슈거파우더, 중력분, 코코아가루를 넣고 잘 섞어 주세요.

3 2에 민트오일을 넣고 섞어 주세요.

4 완성한 코코아민트 크림치즈는 랩핑하여 반나절~하루 동안 냉장 휴지해 주세요.

쿠키 반죽

1 볼에 백설탕, 소금, 녹인 버터를 넣고 주걱으로 가볍게 섞어 주세요.

2 물엿, 달걀, 민트오일, 수용성 색소를 넣고 완전히 섞어 주세요.

3 2에 체 친 강력분, 아몬드가루, 베이킹소다를 넣고 주걱으로 가르듯 섞어 주세요.

4 가루가 절반 정도 섞이면 다진 다크청크초코칩을 넣고 섞어 주세요.

5   가루가 보이지 않으면 주걱이나 손으로 반죽을 가볍게 치대어 찰기 있고 윤기 나는 상태를 만들어 주세요.

     대량으로 반죽할 경우 체중을 실어 손바닥으로 반죽을 치대는 것이 좋습니다.

6   완성한 반죽은 랩핑하여 20분간 냉장 휴지해 주세요.

     완성한 반죽의 적정 온도는 24~26℃입니다.

7   냉장 휴지한 반죽은 4등분 한 후 손바닥 크기 정도로 눌러 주세요.

     휴지가 끝난 반죽의 적정 온도는 18~19℃입니다.

8   7의 반죽 위에 코코아민트 크림치즈를 올린 후 손으로 동그랗게 감싸 주세요.

9   180℃에서 11분간 구운 후 팬째 완전히 식혀 주세요.

5
6
7
8
9

초콜릿 크림

1   녹인 화이트커버춰초콜릿에 동물성 휘핑크림과 민트오일, 수용성 색소를 넣고 주걱으로 섞어 주세요.

2   1에 포마드 상태의 버터(20~25℃)를 넣고 섞어 주세요.

3   다크청크초코칩을 넣고 섞어 주세요.

    ◆ 완성한 초콜릿 크림의 사용 적정 온도는 18℃입니다.

완성

1   완전히 식은 케이크 쿠키 위에 준비한 초콜릿 크림을 펴 발라 주세요.

2   초콜릿 크림 위에 민트화이트초코블럭, 초코쿠키크런치 등 좋아하는 재료를 올린 후 차갑게 굳혀 주세요.

벚꽃놀이는 못 참지

딸기 버터크림 · 케쿠

거리에 아름답게 흩날리는 벚꽃을 보면 봄의 정취가 물씬 느껴져요. 봄에는 예쁜 옷 입고 벚꽃 구경하고, 맛있는 디저트도 뿌시러 가야죠. 봄바람 솔솔 부는 거리 이곳저곳을 다니고 싶은 간절한 소망을 케이크 쿠키에 담아 보았어요. 같이 맛있게 만들어 보아요!

도구

계량저울, 내열용기, 체, 볼, 주걱, 핸드믹서, 아이스크림 스쿱, 오븐 팬, 적외선 온도계, 랩, 짤주머니, 몽블랑 깍지(234번)

재료
4개 분량

메인 · · · **쿠키 반죽**
버터 58g 백설탕 75g 소금 0.7g 물엿 32g 달걀 22g 벚꽃에센스 2g 수용성 색소(로즈핑크) 2방울 강력분 125g 아몬드가루(95% 아몬드분말) 30g 베이킹소다 1.3g

속 · · · **딸기 크림치즈**
크림치즈 150g 슈거파우더(전분 5% 함유) 35g 강력분 8g 동결건조 딸기가루 5g 딸기우유초코칩(다진 것) 30g

벚꽃 버터크림
크림치즈 45g 버터 134g 슈거파우더 72g 벚꽃에센스 0.2g 수용성 로즈핑크 색소 적당량

토핑 · · · **초콜릿 크림**
양생용 딸기초콜릿(딸기코팅초콜릿) 100g 식물성오일(포도씨유 또는 카놀라유) 8g

장식 · · · 딸기블로섬 초콜릿컬 적당량

딸기 크림치즈

1   볼에 크림치즈를 넣고 주걱으로 풀어 주세요.

2   체 친 슈거파우더, 강력분, 동결건조 딸기가루를 넣고 골고루 섞어 주세요.

3   2에 다진 딸기우유초코칩을 넣고 섞어 주세요.

4   완성한 딸기 크림치즈는 랩핑하여 반나절~하루 동안 냉장 휴지해 주세요.

쿠키 반죽

1   볼에 백설탕, 소금, 녹인 버터를 넣고 주걱으로 가볍게 섞어 주세요.

2   1에 물엿, 달걀, 벚꽃에센스, 수용성 색소를 넣고 완전히 섞어 주세요.

3   체 친 강력분, 아몬드가루, 베이킹소다를 넣고 주걱으로 가르듯 섞어 주세요.

4   가루가 보이지 않으면 주걱이나 손으로 가볍게 치대어 찰기 있고 윤기 나는 반죽을
만들어 주세요.

🍪 대량으로 반죽할 경우 체중을 실어 손바닥으로 반죽을 치대는 것이 좋습니다.

5 　완성한 반죽은 랩핑하여 20분간 냉장 휴지해 주세요.

　　완성한 반죽의 적정 온도는 24~26℃입니다.

6 　냉장 휴지한 반죽을 4등분 한 후 손바닥 크기로 눌러 주세요.

　　휴지가 끝난 반죽의 적정 온도는 18~19℃입니다.

7 　6의 반죽 위에 딸기 크림치즈를 올린 후 손으로 동그랗게 감싸 주세요.

8 　180℃에서 10~11분간 구운 후 팬째 완전히 식혀 주세요.

벚꽃 버터크림

1 　볼에 크림치즈를 넣고 핸드믹서로 부드럽게 풀어 주세요.

2 　슈거파우더를 넣고 섞어 주세요.

3 　18~20℃의 버터를 2회에 걸쳐 나누어 넣고 부드럽게 휘핑해 주세요.

4 　크림 색을 봐 가며 벚꽃에센스와 수용성 색소를 넣고 휘핑해 주세요.

5   부드러운 뿔이 만들어지면 몽블랑 깍지를 낀 짤주머니에 담아 주세요.

초콜릿 크림 & 완성

1   녹인 양생용 딸기초콜릿에 식물성오일을 넣고 주걱으로 섞어 주세요.

2   완전히 식은 케이크 쿠키 위에 준비한 벚꽃 버터크림을 짜 주세요.

3   1의 초콜릿 크림을 지그재그로 뿌린 후 딸기블로섬 초콜릿컬로 장식해 주세요.

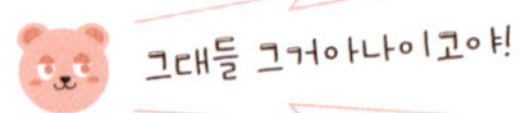

버터를 휘저으면 가소성이 회복되어 공기를 포집하면서 부드럽게 부풀게 되는데, 온도가 계속 높아지면 기포를 포집하여 지탱하는 힘이 약해지기 때문에 흐물흐물해져 부드럽게 녹는 식감이 아닌 미끄럽고 느끼한 식감이 될 수 있다이고야! 따라서 버터크림을 만들 때에는 18~21℃ 사이의 버터와 크림치즈를 준비해야 한다이고야! 버터와 크림치즈는 휘저으면 마찰열로 인해 온도가 높아지게 되고, 슈거파우더(설탕)의 수분을 흡수하여 부드럽게 유화된다이고야! 그렇게 완성한 버터크림의 온도는 20~25℃가 되는데, 적당하게 부풀어 오른 버터크림은 20~25℃의 온도로 즐겼을 때 가장 맛있게 즐길 수 있다이고야! 버터크림이 차가울 때 먹으면 입안에서 부드럽게 녹지 않기 때문에 온도를 지켜 맛도리 케쿠를 즐겨보자이고야!

4

힙! 해! 핑크블랙

다크 초코 딸기 케쿠

저는 과자를 구울 때 늘 신나는 음악을 들어요. 그중 블랙핑크의 음악을 정말 좋아하는데요, 그들의 힙! 한! 감! 성!을 그대로 케이크 쿠키에 담아 보았어요. 새콤한 딸기 크림치즈와 꾸덕하고 진한 초코 반죽을 입은 맛도리 케쿠, 함께 만들어 보아요!

도구

계량저울, 내열용기, 체, 볼, 주걱, 핸드믹서, 아이스크림 스쿱, 오븐 팬, 적외선 온도계, 랩

재료
4개 분량

메인 · · · **쿠키 반죽**
버터 58g 황설탕 75g 소금 0.7g 물엿 33g 달걀 22g 강력분 110g 아몬드가루(95% 아몬드분말) 28g 코코아가루 15g 베이킹소다 1.3g 다크청크초코칩 30g

속 · · · **딸기 크림치즈**
크림치즈 150g 슈거파우더(전분 5% 함유) 50g 강력분 5g 동결건조 딸기가루 14g

토핑 · · · **초콜릿 크림**
양생용 화이트초콜릿(화이트코팅초콜릿) 90g 식물성오일(포도씨유 또는 카놀라유) 15g 동결건조 딸기가루 8g 딸기쿠키크런치 11g

장식 · · · 라즈베리 리플잼 적당량 오레오 과자 적당량 딸기쿠키크런치 적당량

딸기 크림치즈

1 볼에 크림치즈를 넣고 주걱으로 풀어 주세요.

2 체 친 슈거파우더, 강력분, 동결건조 딸기가루를 모두 넣고 골고루 섞어 주세요.

3 완성한 딸기 크림치즈는 랩핑하여 최소 반나절에서 하루 동안 냉장 휴지해 주세요.

쿠키 반죽

1 볼에 황설탕, 소금, 녹인 버터를 넣고 주걱으로 가볍게 섞어 주세요.

2 물엿과 달걀을 넣고 완전히 섞어 주세요.

3 체 친 강력분, 아몬드가루, 코코아가루, 베이킹소다를 넣고 주걱으로 가르듯 섞어 주세요.

4 가루가 절반 정도 섞이면 다크청크초코칩을 넣고 주걱으로 가르듯 섞어 주세요.

5   가루가 보이지 않으면 주걱이나 손으로 가볍게 치대어 찰기 있고 윤기 나는 반죽을
    만들어 주세요.

    대량으로 반죽할 경우 체중을 실어 손바닥으로 반죽을 치대는 것이 좋습니다.

6   완성한 반죽은 랩핑하여 20분간 냉장 휴지해 주세요.

    완성한 반죽의 적정 온도는 24~26℃입니다.

7   냉장 휴지한 반죽을 4등분 한 후 손바닥 크기로 눌러 주세요.

    휴지가 끝난 반죽의 적정 온도는 18~19℃입니다.

8   7의 반죽 위에 딸기 크림치즈를 올린 후 손으로 동그랗게 감싸 주세요.

9   180℃에서 10~11분간 구운 후 팬째 완전히 식혀 주세요.

초콜릿 크림 & 완성

1   녹인 양생용 화이트초콜릿에 식물성오일을 넣고 주걱으로 섞어 주세요.

2   1에 동결건조 딸기가루를 넣고 섞어 주세요.

3   딸기쿠키크런치를 넣고 섞어 주세요.

4   완전히 식은 케이크 쿠키의 딸기 크림치즈 부분을 작은 스푼으로 밀어 공간을 만든 후 그 안에 라즈베리 리플잼을 채워 주세요.

5   그 위에 초콜릿 크림을 뿌리고 오레오 과자와 딸기쿠키크런치를 올려 장식한 후 차갑게 굳혀 주세요.

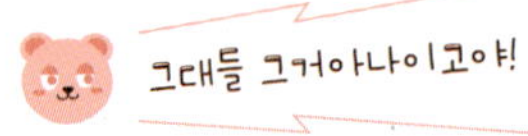

코코아가루는 가공 방법에 따라 더치 코코아가루와 내추럴 코코아가루로 구분할 수 있다이고야! 우리가 주로 사용하는 코코아가루는 유럽에서 가공한 더치 코코아가루로, 알칼리 처리되어 산성이 중화되었기 때문에 불그스름한 갈색빛을 띠며 물에 잘 용해되어 부드럽고 쌉싸름한 향을 낸다이고야! 그러나 내추럴 코코아가루는 산이 남아있기 때문에 베이킹소다와 만나면 팽창제 역할을 하여 우리가 만드는 케쿠에 내추럴 코코아가루를 넣게 되면 엄청난 대왕 사이즈의 케쿠가 만들어 진다이고야! 그러니 초코 맛도리를 제대로 만들기 위해 알칼리 가공 처리된 더치 코코아가루를 사용하도록 해보자이고야!

5
벌쓰데이

바닐라 딸기 케쿠

생일파티에 생일케이크가 빠질 수 없죠! 어릴 적엔 딸기젤리가 총총 올라간 새하얀 생크림 케이크를 앞에 두고, 생일축하노래 멜로디에 맞춰 초를 끄며 즐거운 생일을 보내곤 했어요. 바닐라 향 가득 머금은 쫀득한 크림치즈와 새콤한 라즈베리잼이 매력적인 벌쓰데이 케쿠, 함께 만들어 보아요.

도구 계량저울, 내열용기, 체, 칼, 볼, 주걱, 핸드믹서, 아이스크림 스쿱, 오븐 팬, 적외선 온도계, 랩

재료
4개 분량

메인 · · · **쿠키 반죽**
버터 58g 백설탕 75g 소금 0.7g 물엿 32g 달걀 20g 바닐라빈 1/2개 강력분 125g 아몬드가루(95% 아몬드분말) 30g 베이킹소다 1.3g

속 · · · **바닐라 크림치즈**
크림치즈 160g 슈거파우더(전분 5% 함유) 50g 강력분 8g 바닐라빈 1/2개

토핑 · · · **초콜릿 크림(중탕하여 녹여 준비)**
양생용 화이트초콜릿(화이트코팅초콜릿) 90g 화이트커버춰초콜릿 30g

장식 · · · 라즈베리 리플잼 적당량 딸기젤리 20개 스프링클 적당량

만드는 법

바닐라 크림치즈

1 볼에 크림치즈를 넣고 주걱으로 풀어 주세요.

2 체 친 슈거파우더, 강력분, 바닐라빈 씨를 긁어 모두 넣고 골고루 섞어 주세요.

3 완성한 바닐라 크림치즈는 랩핑하여 최소 반나절에서 하루 동안 냉장 휴지해 주세요.

쿠키 반죽

1 볼에 백설탕, 소금, 녹인 버터를 넣고 주걱으로 가볍게 섞어 주세요.

2 1에 물엿, 달걀, 바닐라빈 씨를 긁어 넣고 완전히 섞어 주세요.

3 체 친 강력분, 아몬드가루, 베이킹소다를 넣고 주걱으로 가르듯 섞어 주세요.

4 가루가 보이지 않으면 주걱이나 손으로 가볍게 치대어 찰기 있고 윤기 나는 반죽을
   만들어 주세요.

   🖌 대량으로 반죽할 경우 체중을 실어 손바닥으로 반죽을 치대는 것이 좋습니다.

5   완성한 반죽은 랩핑하여 20분간 냉장 휴지해 주세요.

    완성한 반죽의 적정 온도는 24~26℃입니다.

6   냉장 휴지한 반죽을 4등분 한 후 손바닥 크기로 눌러 주세요.

    휴지가 끝난 반죽의 적정 온도는 18~19℃입니다.

7   6의 반죽 위에 바닐라 크림치즈를 올린 후 손으로 동그랗게 감싸 주세요.

8   180℃에서 10~11분간 구운 후 팬째 완전히 식혀 주세요.

초콜릿 크림 & 완성

1   완전히 식은 케이크 쿠키 중앙의 바닐라 크림치즈를 작은 스푼으로 살짝 눌러 공간을 만들어 주세요.

2   그 안에 라즈베리 리플잼을 채워 주세요.

3   중탕하여 녹인 화이트초콜릿을 잘 펴 발라 주세요.

4   장식용 딸기젤리와 스프링클을 올린 후 초콜릿을 차갑게 굳혀 주세요.

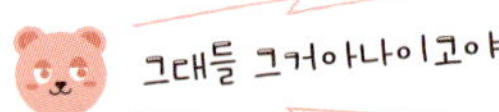

바닐라빈은 보관을 잘못하면 뻣뻣해지며 아름다운 향이 모두 사라져버릴 수 있다이고야! 바닐라 향을 오래 보존하기 위한 보관법에는 진공 포장법과 냉동 보관법이 있는데, 가정에서는 냉동 보관법이 편리하기 때문에 그렇게 하는 것을 권장하고 있다이고야! 바닐라의 아름다운 향을 지키기 위한 냉동 보관법 썰을 풀어보자면, 지퍼백에 바닐라를 넣어라이고야! 먼저 지퍼백의 공기를 제거한 후 다시 지퍼백에 넣고 잘 밀봉하여 냉동고에 넣으면 끝! 촉촉하고 통통한 바닐라일수록 품질이 좋으니 적당한 가격대의 바닐라빈을 골라 잘 보관하여 아름다운 맛도리 케쿠를 만들어 보자이고야!

6

뭉게구름 무지개

코코넛 크림 케쿠

구름나라의 구름은 왠지 뽀얗고 달콤할 것 같다는 생각이 들어요. 마치 코코넛
처럼요. 구름의 몽실몽실한 느낌을 담은, 코코넛 풍미 가득한 꾸덕꾸덕 레인보
우 케쿠를 만들어 보아요!

도구 계량저울, 내열용기, 칼, 체, 볼, 주걱, 핸드믹서, 아이스크림 스쿱, 오븐 팬, 적
외선 온도계, 랩

재료 **메인** · · · **쿠키 반죽**
4개 분량

버터 58g 백설탕 75g 소금 0.7g 물엿 32g 달걀 20g 강력분
125g 코코넛가루 35g 베이킹소다 1.3g

속 · · · **코코넛 크림치즈**

크림치즈 145g 슈거파우더(전분 5%포함) 45g 코코넛크림가루
22g

토핑 · · · **초콜릿 크림**

양생용 화이트초콜릿(화이트코팅초콜릿) 80g 식물성오일(포도씨유
또는 카놀라유) 6g 코코넛크림가루 5g 지용성 색소(블루) 적당량

장식 · · · 마시멜로(칼집 낸 후 레인보우젤리 꽂아 준비) 적당량 레인보우젤리
적당량 스프링클 적당량

코코넛 크림치즈

1   볼에 크림치즈를 넣고 주걱으로 풀어 주세요.

2   체 친 슈거파우더, 코코넛크림가루를 모두 넣고 골고루 섞어 주세요.

3   완성한 코코넛 크림치즈는 랩핑하여 최소 반나절~하루 동안 냉장 휴지해 주세요.

쿠키 반죽

1   볼에 백설탕, 소금, 녹인 버터를 넣고 주걱으로 가볍게 섞어 주세요.

2   1에 물엿과 달걀을 넣고 완전히 섞어 주세요.

3   체 친 강력분, 아몬드가루, 베이킹소다를 넣고 주걱으로 가르듯 섞어 주세요.

4   가루가 보이지 않으면 주걱이나 손으로 가볍게 치대어 찰기 있고 윤기 나는 반죽을 만들어 주세요.

🥄 대량으로 반죽할 경우 체중을 실어 손바닥으로 반죽을 치대는 것이 좋습니다.

5   완성한 반죽은 랩핑하여 20분간 냉장 휴지해 주세요.

   완성한 반죽의 적정 온도는 24~26℃입니다.

6   냉장 휴지한 반죽을 4등분 한 후 손바닥 크기로 눌러 주세요.

   휴지가 끝난 반죽의 적정 온도는 18~19℃입니다.

7   6의 반죽 위에 코코넛 크림치즈를 올린 후 손으로 동그랗게 감싸 주세요.

8   180℃에서 10~11분간 구운 후 팬째 완전히 식혀 주세요.

초콜릿 크림 & 완성

1   녹인 양생용 화이트초콜릿에 식물성오일을 넣고 주걱으로 섞어 주세요.

2   색을 봐 가며 지용성 색소(블루)를 조금씩 넣고 잘 섞어 주세요.

3   코코넛크림가루를 넣고 섞어 주세요.

4   완전히 식은 케이크 쿠키 위에 초콜릿 크림을 얹은 후 장식용 재료를 올려 주세요.

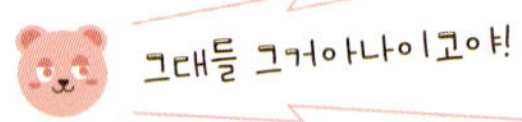

쿠키 반죽을 만들 때 색을 더하는 색소도 용도에 따라 구분해서 사용해야 한다이고야! 쿠키 반죽이나 크림에 넣는 색소에는 '수용성 색소'와 '지용성 색소'가 있는데, 수용성 색소는 보통 리퀴드 타입, 젤 타입, 가루 타입으로 유통된다이고야! 반면 초콜릿이나 유지로만 이루어진 재료에 넣는 지용성 색소는 가루 타입으로 유통된다이고야! 용도에 맞게 사용하지 않으면 색소가 몽글몽글 뭉치면서 몹시 곤란해질 수 있으니 반드시 잘 확인하고 사용해 보자이고야!

한편 진한 맛을 내면서도 녹진한 식감을 원할 때에는 과즙을 동결건조시켜 만드는 '과즙가루'를 사용하면 좋다이고야! 코코넛크림 케쿠를 만들 때 사용하는 코코넛크림가루는 코코넛 과육으로 만든 것이 아니라 코코넛크림을 동결건조시켜 만들기 때문에 농축된 코코넛의 맛과 진득한 식감을 즐길 수 있다이고야! 더불어 케쿠 반죽의 되기는 성형할 수 있을 정도여야 하기 때문에 코코넛 퓌레와 같은 액체 재료를 넣는 것보다 코코넛크림가루를 사용하는 것이 좋다이고야! 묵직하고 꾸덕한 식감을 얻을 수 있으니 우리 함께 적절량을 사용해 보자이고야!

루돌프

땅콩버터 초코 케쿠

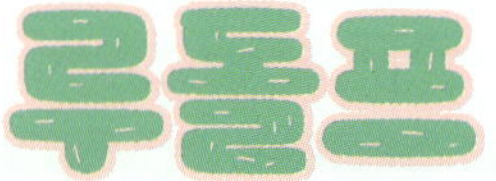

크리스마스 시즌이 되면 크리스마스가 연상되는 다양한 과자를 굽게 돼요. 산타클로스, 루돌프, 알록달록한 크리스마스 트리! 그중 반짝반짝 빨간 코로 산타클로스의 썰매를 힘차게 끌어 집집마다 선물을 배달하는 귀여운 루돌프를 케쿠로 함께 만들어 보아요!

도구

계량저울, 체, 볼, 주걱, 핸드믹서, 아이스크림 스쿱, 오븐 팬, 적외선 온도계, 랩, 쟁반(뒤집은 후 랩을 씌워 준비)

재료
4개 분량

메인 · · · **쿠키 반죽**
버터 30g 크리미 땅콩버터(실온 상태로 준비) 40g 황설탕 75g
소금 0.7g 물엿 40g 달걀 28g 강력분 125g 베이킹소다
1.4g 땅콩가루 30g 땅콩버터초코칩 80g

속 · · · **땅콩버터 크림치즈**
크림치즈 70g 크리미 땅콩버터80g 슈거파우더(전분 5% 함유)
20g 강력분 8g

토핑 · · · **땅콩버터 크림**(실온 상태로 준비)
크리미 땅콩버터 120g 버터 60g 슈거파우더 36g

장식 · · · 초콜릿칩(작은 것) 적당량 통조림 꼭지체리 적당량 프레첼 과자
적당량

만드는 법

땅콩버터 크림치즈

1 볼에 크림치즈를 넣고 주걱으로 풀어 주세요.

2 땅콩버터를 넣고 잘 섞어 주세요.

   🍳 핸드믹서 사용 시 공기가 많이 주입되지 않도록 주의합니다.

3 체 친 슈거파우더와 강력분을 넣고 골고루 섞어 주세요.

   🍳 과하게 섞으면 크림치즈가 분리될 수 있으니 주의합니다.

4 완성한 땅콩버터 크림치즈는 랩핑하여 반나절~하루 동안 냉장 휴지해 주세요.

쿠키 반죽

1 볼에 황설탕, 소금, 녹인 버터, 부드러운 땅콩버터를 넣고 주걱으로 가볍게 섞어 주세요.

2 1에 물엿과 달걀을 넣고 완전히 섞어 주세요.

3 체 친 강력분, 베이킹소다, 땅콩가루를 넣고 주걱으로 가르듯 섞어 주세요.

4 가루가 절반 정도 섞이면 땅콩버터초코칩을 넣고 섞어 주세요.

5   가루가 보이지 않으면 주걱이나 손으로 가볍게 치대어 찰기 있고 윤기 나는 반죽을 만들어 주세요.

      대량으로 반죽할 경우 체중을 실어 손바닥으로 반죽을 치대는 것이 좋습니다.

6   완성한 반죽은 랩핑하여 20분간 냉장 휴지해 주세요.

      완성한 반죽의 적정 온도는 24~26℃입니다.

7   냉장 휴지한 반죽을 4등분 한 후 손바닥 크기로 눌러 주세요.

      휴지가 끝난 반죽의 적정 온도는 18~19℃입니다.

8   7의 반죽 위에 땅콩버터 크림치즈를 올린 후 손으로 동그랗게 감싸 주세요.

9   180℃에서 10~11분간 구운 후 팬째 완전히 식혀 주세요.

땅콩버터 크림 & 완성

1   볼에 부드러운 땅콩버터와 버터를 넣고 핸드믹서로 가볍게 휘핑해 주세요.

2   슈거파우더를 넣고 뽀얀 색이 될 때까지 충분히 휘핑해 주세요.

3   아이스크림 스쿱으로 2를 떠서 랩을 씌운 쟁반 위에 올린 후 차갑게 굳혀 주세요.

     이후 땅콩버터 크림이 완전히 굳기 전에 장식용 재료를 꽂아 루돌프 얼굴을 만들어 주세요.

4   3의 루돌프 얼굴을 케이크 쿠키 위에 올려주세요.

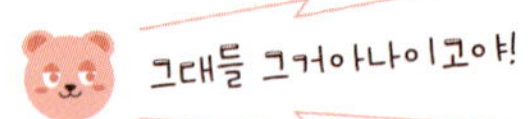

땅콩버터는 유지로 구분할 수 있으나 버터와는 성질이 다르다이고야!
버터를 휘젓게 되면 가소성이 생겨 부드러워지고, 공기를 포집하고 유지할 수 있어 폭신한 식감이 생긴다이고야! 하지만 땅콩버터는 식물성유지와 땅콩을 갈았기 때문에 휘저었을 때 쉽게 부풀지 않고 흐물흐물해질 수 있다이고야! 또한 버터와 수분량에 차이가 있기 때문에 버터의 일부를 땅콩버터로 대체할 경우 그만큼 수분을 충분히 보충해야 부드러운 식감의 반죽을 얻을 수 있다이고야!

8

유니콘

복숭아 요거트 케쿠

동화 속 유니콘이 케쿠가 되면 어떤 모습일까요? 파스텔 톤의 사랑스러운 유니콘을 케쿠에 담아 보았어요. 달콤한 복숭아 리플잼과 꾸덕꾸덕한 요거트 크림치즈가 쿠키 반죽 속에 감싸져 완성되어요. 유니콘 케쿠와 티타임을 즐기는 동안만은 유니콘이 살고 있는 동회 속 세계로 잠시 떠나보는 건 어떨까요?

도구

계량저울, 내열용기, 체, 볼, 주걱, 핸드믹서, 아이스크림 스쿱, 오븐 팬, 적외선 온도계, 랩

재료
4개 분량

메인 · · · **쿠키 반죽**
버터 58g 백설탕 75g 소금 0.7g 물엿 32g 달걀 20g 복숭아 오일 4g 강력분 125g 아몬드가루(95% 아몬드분말) 30g 베이킹소다 1.3g

속 · · · **요거트 크림치즈**
크림치즈 150g 슈거파우더(전분 5% 함유) 20g 중력분 16g 요거트가루 40g

토핑 · · · **초콜릿 크림**
양생용 화이트초콜릿(화이트코팅초콜릿) 120g 식물성오일(포도씨유 또는 카놀라유) 6g 복숭아 리플잼 적당량 지용성 색소(레드, 옐로우, 블루) 적당량

장식 · · · 꽈배기 모양 마시멜로 8개 스프링클 적당량

요거트 크림치즈

1   볼에 크림치즈를 넣고 주걱으로 풀어 주세요.

2   체 친 슈거파우더, 중력분, 요거트가루를 넣고 골고루 섞어 주세요.

3   완성한 요거트 크림치즈는 랩핑해서 최소 반나절에서 하루 동안 냉장 휴지해 주세요.

쿠키 반죽

1   볼에 백설탕과 소금, 녹인 버터를 넣고 주걱으로 가볍게 섞어 주세요.

2   1에 물엿, 달걀, 복숭아오일을 넣고 완전히 섞어 주세요.

3   2에 체 친 강력분, 아몬드가루, 베이킹소다를 넣고 주걱으로 가르듯 섞어 주세요.

4   가루가 보이지 않으면 주걱이나 손으로 가볍게 치대어 찰기 있고 윤기 나는 반죽을
    만들어 주세요.

    🥄 대량으로 반죽할 경우 체중을 실어 손바닥으로 반죽을 치대는 것이 좋습니다.

5   완성한 반죽은 랩핑하여 20분간 냉장 휴지해 주세요.

　　　🥄 완성한 반죽의 적정 온도는 24~26℃입니다.

6   냉장 휴지한 반죽을 4등분 한 후 손바닥 크기로 눌러 주세요.

　　　🥄 휴지가 끝난 반죽의 적정 온도는 18~19℃입니다.

7   6의 반죽 위에 요거트 크림치즈를 올린 후 손으로 동그랗게 감싸 주세요.

8   180℃에서 10~11분간 구운 후 팬째 완전히 식혀 주세요.

초콜릿 크림 & 완성

1   녹인 양생용 화이트초콜릿에 식물성오일을 넣고 주걱으로 섞어 주세요.

2   1의 화이트초콜릿을 세 개의 볼에 40~42g씩 나누어 담은 후 지용성 색소를 조금씩
    넣고 섞어 주세요.

3   완전히 식은 케이크 쿠키 중앙 부분의 요거트 크림치즈를 작은 스푼으로 살짝 누른
    후 그 안에 준비한 복숭아 리플잼을 채워 주세요.

4   3 위에 준비한 초콜릿 크림을 펼쳐 올려 주세요.

5   초콜릿 크림 위에 꽈배기 모양 마시멜로를 잘라 붙인 후 스프링클을 뿌려 주세요.

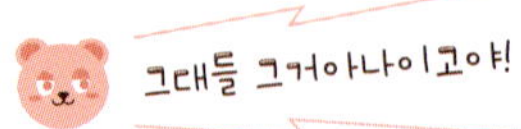

리플잼은 시럽에 과육을 담궈 달콤하게 먹는 통조림과 비슷한 '콩포트'와 젤리처럼 쫀득
쫀득한 '잼'의 중간 형태다이고야! 적당한 수분과 점성이 있어 제누아즈에 직접 샌드하
거나 버터크림과 혼합하여 활용할 수도 있다이고야! 다만 리플잼은 수분이 많아 빠르게
숙성될 수 있으니 리플잼을 넣은 후 최대한 빠른 시일 내에 케이크 쿠키를 맛있게 섭취
해 보자이고야!

9

노랑치즈빔

황치즈 케쿠

고소하면서도 짭짤하고 달달한 황치즈는 중독성 강한 마법의 가루 같아요. 어느 쿠키 반죽에 넣어도 전부 황치즈에 중독되게 되니까요! 맛도리 마법으로 우리를 유혹하는 마성의 꾸덕꾸덕한 노랑치즈빔 케쿠를 만들어 볼까요?

도구

계량저울, 내열용기, 체, 볼, 주걱, 핸드믹서, 아이스크림 스쿱, 오븐 팬, 적외선 온도계, 랩

재료
4개 분량

메인 · · · **쿠키 반죽**
버터 58g 황설탕 75g 소금 0.7g 물엿 32g 달걀 22g 강력분 120g 아몬드가루(95% 아몬드분말) 25g 황치즈가루 35g 베이킹소다 1.3g 호두분태 30g

속 · · · **황치즈 크림치즈**
크림치즈 150g 슈거파우더(전분 5% 함유) 50g 동물성 휘핑크림(유지방 35% 함유) 10g 황치즈가루 25g

토핑 · · · **초콜릿 크림**
양생용 화이트초콜릿(화이트코팅초콜릿) 40g 식물성오일(포도씨유 혹은 카놀라유) 5g 황치즈가루 5g

장식 · · · 치즈맛 과자 적당량

만드는 법

황치즈 크림치즈

1 볼에 크림치즈를 넣고 주걱으로 풀어 주세요.

2 1에 동물성 휘핑크림을 넣고 섞어 주세요.

3 체 친 슈거파우더와 황치즈가루를 모두 넣고 잘 섞어 주세요.

4 완성한 황치즈 크림치즈는 랩핑하여 최소 반나절에서 하루 동안 냉장 휴지해 주세요.

쿠키 반죽

1 볼에 황설탕, 소금, 녹인 버터를 넣고 주걱으로 가볍게 섞어 주세요.

2 1에 물엿과 달걀을 넣고 완전히 섞어 주세요.

3 체 친 강력분, 아몬드가루, 황치즈가루, 베이킹소다를 넣고 주걱으로 가르듯 섞어 주
세요.

4 가루가 절반 정도 섞이면 호두분태를 넣고 주걱으로 가르듯 섞어 주세요.

5   가루가 보이지 않으면 손으로 가볍게 치대어 찰기 있고 윤기 나는 반죽을 만들어 주세요.

     🍪 대량으로 반죽할 경우 체중을 실어 손바닥으로 반죽을 치대는 것이 좋아요.

6   완성한 반죽은 랩핑하여 20분간 냉장 휴지해 주세요.

     🍪 완성한 반죽의 적정 온도는 24~26℃입니다.

7   냉장 휴지한 반죽은 4등분 한 후 손바닥 크기로 눌러 주세요.

     🍪 휴지가 끝난 반죽의 적정 온도는 18~19℃입니다.

8   7의 반죽 위에 황치즈 크림치즈를 올린 후 토핑을 동그랗게 감싸 주세요.

9   180℃에서 10~11분간 구운 후 팬째 완전히 식혀 주세요.

초콜릿 크림 & 완성

1   녹인 양생용 화이트초콜릿에 식물성오일과 황치즈가루를 넣고 주걱으로 섞어 주세요.

     사용 후 남은 초콜릿은 냉장 보관합니다.

2   완전히 식은 케이크 쿠키 위에 1의 초콜릿 크림을 지그재그 모양으로 뿌려 주세요.

3   치즈맛 과자를 꽂아 장식한 후 초콜릿 크림을 한 번 더 지그재그로 뿌려 주세요.

     다양한 치즈맛 과자를 활용해 장식해 보세요!

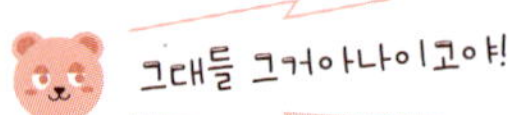

황치즈가루는 유지 함량이 높고 산성이기 때문에 밀가루의 일부를 황치즈가루로 대체할 경우 유지와 산성으로 인해 과자의 구조 형성이 헐거워질 수 있고, 베이킹소다와의 반응으로 과자가 크게 팽창할 수 있다이고야! 따라서 황치즈가루를 사용할 땐 밀가루의 일부를 대체한다는 생각보단 추가로 넣어 수분을 약간만 보충해 주는 편이 더 좋다이고야! 그대들의 황치즈 맛도리를 향한 여정에 보탬이 되길 바란다이고야!

10

팝! 콘!

옥수수 케쿠

팝! 하면 콘! 냄비 속에 넣고 가열하면 고소한 냄새가 퐁퐁 터져 나오는, 옥수수
팝콘의 재미있는 모습을 케쿠에 담아 보았어요. 팝콘이 케쿠 위에 우르르 쌓여
단짠단짠 고소한 맛의 매력 넘치는 유혹적인 팝콘 케쿠를 만들어 볼까요?

도구 계량저울, 내열용기, 체, 볼, 주걱, 핸드믹서, 아이스크림 스쿱, 오븐 팬, 적외선
온도계, 랩

재료
4개 분량

메인 · · · **쿠키 반죽**
버터 58g 흑설탕 75g 소금 0.7g 물엿 20g 옥수수레진 10g
옥수수페이스트 10g 달걀 20g 강력분 125g 아몬드가루(95%
아몬드분말) 30g 베이킹소다 1.3g 옥수수전분 10g

속 · · · **옥수수 크림치즈**
크림치즈 150g 슈거파우더(전분 5% 함유) 35g 강력분 10g 옥
수수레진 10g

토핑 · · · **초콜릿 크림**
양생용 화이트초콜릿(화이트코팅초콜릿) 100g 식물성오일(포도씨
유 or 카놀라유) 8g 지용성 색소(옐로우) 적당량

장식 · · · 팝콘 적당량 옥수수 시리얼 (또는 파에테포요틴) 적당량

만드는 법

옥수수 크림치즈

1   볼에 크림치즈를 넣고 주걱으로 풀어 주세요.

2   체 친 슈거파우더, 강력분을 넣고 골고루 섞어 주세요.

3   옥수수 레진을 넣고 섞어 주세요.

4   완성한 옥수수 크림치즈는 랩핑하여 반나절~하루 동안 냉장 휴지해 주세요.

쿠키 반죽

1   볼에 흑설탕, 소금, 녹인 버터를 넣고 주걱으로 가볍게 섞어 주세요.

2   1에 물엿, 달걀, 옥수수레진, 옥수수페이스트를 넣고 완전히 섞어 주세요.

3   체 친 강력분, 아몬드가루, 베이킹소다, 옥수수전분을 넣고 주걱으로 가르듯 섞어 주세요.

4   가루가 보이지 않으면 주걱이나 손으로 가볍게 치대어 찰기 있고 윤기 나는 반죽을 만들어 주세요.

   대량으로 반죽할 경우 체중을 실어 손바닥으로 반죽을 치대는 것이 좋습니다.

5   완성한 반죽은 랩핑하여 20분간 냉장 휴지해 주세요.

      완성한 반죽의 적정 온도는 24~26℃입니다.

6   냉장 휴지한 반죽을 4등분 한 후 손바닥 크기로 눌러 주세요.

      휴지가 끝난 반죽의 적정 온도는 18~19℃입니다.

7   6의 반죽 위에 옥수수 크림치즈를 올린 후 손으로 동그랗게 감싸 주세요.

8   180℃에서 10~11분간 구운 후 팬째 완전히 식혀 주세요.

초콜릿 크림 & 완성

1   녹인 양생용 화이트초콜릿에 식물성오일을 넣고 주걱으로 섞어 주세요.

2   색을 봐 가며 지용성 색소를 조금씩 넣고 잘 섞어 주세요.

3   완전히 식은 케이크 쿠키 위에 초콜릿 크림을 뿌리고 장식용 재료를 올려 주세요.

11
가루 떨어져 미안합니다...

더티 커피 초콜릿 케쿠

찻잔 가득 넘쳐 흐른 크림과 코코아가루가 매력적인 더티 커피 플레이팅은 빈티지하면서도 사랑스러워요. 아름다운 더티 초콜릿 라테를 케쿠에 담아 보았어요. 쫀득한 커피 반죽에 진득한 맛을 더할 초콜릿가나슈, 코코아가루와 다크블로섬 초콜릿컬이 올라간 아름다운 더티 커피 초콜릿 케쿠를 만들어 보아요!

도구　계량저울, 내열용기, 체, 볼, 주걱, 핸드믹서, 아이스크림 스쿱, 오븐 팬, 적외선 온도계, 랩

재료
4개 분량

메인　· · ·　**쿠키 반죽**
버터 58g　황설탕 75g　소금 0.7g　물엿 32g　달걀 20g　강력분 125g　아몬드가루(95% 아몬드분말) 30g　베이킹소다 1.3g　인스턴트커피가루(파우더형) 4g

속　· · ·　**커피 크림치즈**
크림치즈 150g　슈거파우더(전분 5% 함유) 35g　인스턴트커피가루(분말형) 3g　강력분 8g

토핑　· · ·　**초콜릿 크림**
다크커버춰초콜릿 90g　동물성 휘핑크림(유지방 35% 함유, 실온 상태로 준비) 50g　물엿 10g

장식　· · ·　다크블로섬 초콜릿컬 적당량　코코아가루 적당량

커피 크림치즈

1   볼에 크림치즈를 넣고 주걱으로 풀어 주세요.

2   체 친 슈거파우더, 강력분, 인스턴트커피가루를 모두 넣고 골고루 섞어 주세요.

3   완성한 커피 크림치즈는 랩핑하여 최소 반나절에서 하루 동안 냉장 휴지해 주세요.

쿠키 반죽

1   볼에 황설탕, 소금, 녹인 버터를 넣고 주걱으로 가볍게 섞어 주세요.

2   1에 물엿과 달걀을 넣고 완전히 섞어 주세요.

3   체 친 강력분, 아몬드가루, 베이킹소다, 인스턴트커피가루를 넣고 주걱으로 가르듯 섞어 주세요.

4   가루가 보이지 않으면 주걱이나 손으로 가볍게 치대어 찰기 있고 윤기 나는 반죽을 만들어 주세요.

    🥄 대량으로 반죽할 경우 체중을 실어 손바닥으로 반죽을 치대는 것이 좋습니다.

5   완성한 반죽은 랩핑하여 20분간 냉장 휴지해 주세요.

     완성한 반죽의 적정 온도는 24~26℃입니다.

6   냉장 휴지한 반죽을 4등분 한 후 손바닥 크기로 눌러 주세요.

     휴지가 끝난 반죽의 적정 온도는 18~19℃입니다.

7   6의 반죽 위에 커피 크림치즈를 올린 후 손으로 동그랗게 감싸 주세요.

8   180℃에서 10~11분간 구운 후 팬째 완전히 식혀 주세요.

초콜릿 크림 & 완성

1 내열용기에 다크커버춰초콜릿을 넣고 중탕하거나 전자레인지에 돌려 50~55℃로 녹여 준비해 주세요.

2 1에 동물성 휘핑크림과 물엿을 넣고 주걱으로 잘 섞어 주세요.

3 완전히 식은 쿠키의 중앙 부분에 초콜릿 크림을 올려 주세요.

4 3 위에 다크블로섬 초콜릿컬을 듬뿍 올려 주세요.

5 코코아가루를 뿌린 후 초콜릿을 차갑게 굳혀 주세요.

12

토끼가 좋아합니다

당근 시나몬 케쿠

저는 당근케이크를 참 좋아해요. 은은한 시나몬 향 맡으며 호두, 코코넛 등이 올려진 쫀쫀한 크림을 먹으면 티타임을 제대로 즐기고 있단 기분이 들어요. 한때는 정말 좋아하는 사람들에게 당근케이크를 구워 선물하기도 했답니다. 이토록 사랑스러운 당근케이크를 케쿠로 표현해 보았어요. 꾸덕한 크림치즈와 호두, 코코넛을 넣은 향긋한 당근 케쿠를 함께 만들어 보아요!

도구

계량저울, 내열용기, 푸드프로세서, 체, 볼, 주걱, 핸드믹서, 아이스크림 스쿱, 오븐 팬, 적외선 온도계, 랩

재료
4개 분량

메인 · · · **쿠키 반죽**

버터 58g 황설탕 75g 소금 0.7g 물엿 40g 달걀 20g 넛맥(강판에 30회 갈아 준비) 강력분 125g 아몬드가루(95% 아몬드분말) 25g 시나몬가루 3g 베이킹소다 1.3g 당근(세척 후 푸드프로세서로 다지고 물기 제거하여 준비) 40g 코코넛슬라이스(160℃에서 3~5분간 구워 준비) 15g 호두분태 30g

속 · · · **시나몬 크림치즈**

크림치즈 150g 슈거파우더(전분 5% 함유) 50g 강력분 8g 시나몬가루 3g

토핑 · · · **크럼블(실온상태로 준비)**

중력분 50g 황설탕 25g 버터 50g 아몬드가루 50g 시나몬가루 3g

초콜릿 크림(중탕하여 녹여 준비)

양생용 화이트초콜릿(화이트코팅초콜릿) 90g 화이트커버춰초콜릿 30g

장식 · · · 당근 모양 초콜릿 4~8개

만드는 법

시나몬 크림치즈

1   볼에 크림치즈를 넣고 주걱으로 풀어 주세요.

2   체 친 슈거파우더, 강력분, 시나몬가루를 넣고 섞은 후 랩핑하여 최소 반나절에서 하루 동안 냉장 휴지해 주세요.

쿠키 반죽

1   볼에 황설탕, 소금, 녹인 버터를 넣고 주걱으로 가볍게 섞어 주세요.

2   1에 물엿과 달걀을 넣고 완전히 섞어 주세요.

3   체 친 강력분, 아몬드가루, 시나몬가루, 베이킹소다를 먼저 넣고 갈아 준비한 넛맥을 넣어 주세요.

4   3의 반죽을 주걱으로 가르듯 섞어 주세요.

5   가루가 반 정도 섞이면 당근, 코코넛슬라이스, 호두분태를 넣고 섞어 주세요.

6   가루가 보이지 않으면 주걱이나 손으로 가볍게 치대어 찰기 있고 윤기 나는 반죽을 만들어 주세요.

   이 과정에서 반죽이 질척거릴 수 있습니다.

7   완성한 반죽은 랩핑하여 20분간 냉장 휴지해 주세요.

   🍪 완성한 반죽의 적정 온도는 24~26℃입니다.

8   냉장 휴지한 반죽을 4등분 한 후 손바닥 크기로 눌러 주세요.

   🍪 휴지가 끝난 반죽의 적정 온도는 18~19℃이며, 손에 강력분을 조금씩 묻혀 가며
      성형해 주세요.

9   8의 반죽 위에 시나몬 크림치즈를 올린 후 동그랗게 감싸 주세요.

10   180℃에서 11~12분간 구운 후 팬째 완전히 식혀 주세요.

   🍪 속 재료의 당근은 수분이 많기 때문에 충분히 구워 주세요.

크럼블

1 볼에 크럼블 재료를 모두 넣고 손으로 가볍게 비벼 주세요.

   버터의 적정 온도는 13~18℃입니다.

2 콩알만 한 크기로 만들어 주세요.

3 완성한 크럼블은 랩핑하여 20분간 냉장 휴지해 주세요.

4 차가워진 크럼블을 오븐 팬에 잘 펼친 후 180℃에서 13~14분간 굽고, 구운 후에는
   팬째로 식혀 주세요.

5 완전히 식은 크럼블을 적당한 크기로 부숴 주세요.

초콜릿 크림 & 완성

1   녹인 양생용 화이트코팅초콜릿과 화이트커버춰초콜릿을 잘 섞어 주세요.

2   완전히 식은 쿠키 위에 1을 펼쳐 올려 주세요.

3   크럼블과 당근 모양 초콜릿을 올려 장식해 주세요.

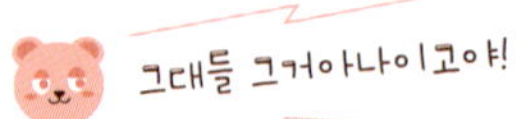

중세 유럽에서는 향신료가 황금같은 보물이었다이고야! 그 시기 유럽 왕족과 귀족은 음식을 통해 자신들의 부와 권력을 강조하곤 했는데, 견과류를 꽂은 꼬치 위에 향신료와 밀가루를 뿌려 향신료 반죽을 만든 후 천천히 꼬치를 돌려 가며 익혀 먹었다이고야!
중세 유럽인들이 이토록 향신료에 매료된 이유는 냉장 시설이 발달되지 않았기 때문인데, 맛 좋은 육고기들은 조금만 시간이 지나면 냄새가 나서 상해버리기 일쑤였다이고야! 그러나 마법의 가루 향신료를 뿌려 구우면 먹을 만한 고기가 되고, 독특한 향과 매콤한 맛이 생겨 밋밋한 음식에 강한 인상을 심어 줄 수 있었다이고야! 이렇게 귀하고 아름다운 향신료를 적절히 사용해 황금처럼 아름다운 맛도리 케쿠를 만들어 보자이고야!

13

쿠키몬스터

버터스카치 케쿠

복실복실 귀여운 파란 얼굴에 커다란 눈을 동글동글 굴리며, 털 뭉치 파란 손으로 초코칩 쿠키를 양손에 하나씩 들고 와구와구 먹어대는 쿠키몬스터! 사랑스러운 털 뭉치 쿠키몬스터를 버터스카치 맛이 듬뿍 나는 달콤한 케쿠로 함께 만들어 볼까요?

도구

계량저울, 내열용기, 체, 칼, 볼, 주걱, 핸드믹서, 아이스크림 스쿱, 오븐 팬, 적외선 온도계, 랩, 짤주머니, 몽블랑 깍지(234번), 쟁반

재료

4개 분량

메인 · · · **쿠키 반죽**

버터 58g 흑설탕 75g 소금 0.7g 물엿 33g 달걀 20g 베이킹소다 1.3g 강력분 125g 아몬드가루(95% 아몬드분말) 30g 베이킹소다 1.3g 버터스카치초코칩 30g

속 · · · **버터스카치 크림치즈**

크림치즈 150g 슈거파우더 35g 강력분 8g 버터스카치초코칩(다진 것) 30g

토핑 · · · **버터크림**

크림치즈(18~21℃) 67g 버터(18~21℃) 200g 슈거파우더 107g 수용성 색소(블루) 27 방울

장식 · · · 양생용 화이트초콜릿(화이트코팅초콜릿) 8개 초코펜(중탕하여 녹여 준비) 1개 좋아하는 쿠키 적당량

버터스카치 크림치즈

1 볼에 크림치즈를 넣고 주걱으로 잘 풀어 주세요.

2 체 친 슈거파우더와 강력분을 넣고 골고루 섞어 주세요.

3 다진 버터스카치초코칩을 넣고 섞어 주세요.

   ◆ 완성한 크림치즈 토핑은 랩핑하여 최소 반나절~하루 동안 냉장 휴지해 주세요.

쿠키 반죽

1 볼에 흑설탕, 소금, 녹인 버터를 넣고 주걱으로 가볍게 섞어 주세요.

2 1에 물엿과 달걀을 넣고 완전히 섞어 주세요.

3 체 친 강력분, 아몬드가루, 베이킹소다를 넣고 주걱으로 가르듯 섞어 주세요.

4 가루가 절반 정도 섞이면 버터스카치초코칩을 넣고 다시 한번 가르듯 섞어 주세요.

5   가루가 보이지 않으면 주걱이나 손으로 가볍게 치대어 찰기 있고 윤기 나는 반죽을 만들어 주세요.

  대량으로 반죽할 경우 체중을 실어 손바닥으로 반죽을 치대는 것이 좋습니다.

6   완성한 반죽은 랩핑하여 20분간 냉장 휴지해 주세요.

  완성한 반죽의 적정 온도는 24~26℃입니다.

7   냉장 휴지한 반죽을 4등분 한 후 손바닥 크기로 눌러 주세요.

  휴지가 끝난 반죽의 적정 온도는 18~19℃입니다.

8   7의 반죽 위에 버터스카치 크림치즈를 올린 후 손으로 동그랗게 감싸 주세요.

9   180℃에서 10~11분간 구운 후 팬째 완전히 식혀 주세요.

버터크림

1 볼에 크림치즈를 넣고 핸드믹서로 부드럽게 풀어준 후 슈거파우더를 넣고 섞어 주세요.

2 1에 버터를 4~5회에 걸쳐 나누어 넣고 부드럽게 휘핑해 주세요.

3 수용성 색소를 조금씩 넣어가며 휘핑해 주세요.

4 부드러운 뿔이 만들어지면 몽블랑 깍지를 낀 짤주머니에 담아 주세요.

완성

1 쟁반에 양생용 화이트초콜릿을 올리고 초코펜으로 눈을 그린 후 차갑게 굳혀 주세요.

2 완전히 식은 케이크 쿠키 위에 버터크림을 짜 주세요.

3 1과 장식용 과자를 올려 주세요.

14

솜사탕

후르츠 마시멜로 케쿠

입 안에서 사르륵 녹는 달콤한 솜사탕을 연상시키는 마시멜로. 어릴 적 놀이공
원에 놀러 가면 꼭 먹곤 했던 알록달록 솜사탕이 생각나요. 모양도 맛도 사랑스
러운 솜사탕 맛의 케쿠를 만들어 볼까요?

도구　　　계량저울, 내열용기, 체, 볼, 주걱, 핸드믹서, 아이스크림 스쿱, 오븐 팬, 적외선
　　　　　　　온도계, 랩

재료　　　**메인**　· · ·　**쿠키 반죽**
4개 분량　　　　　　　　버터 58g　백설탕 75g　소금 0.7g　물엿 32g　달걀 20g　수용성
　　　　　　　　　　　색소(로즈핑크) 5방울　강력분 125g　아몬드가루(95% 아몬드분말)
　　　　　　　　　　　30g　베이킹소다 1g　복분자과즙가루 18g

　　　　　　　속　　· · ·　**마시멜로 크림치즈(냉장 상태로 준비)**
　　　　　　　　　　　크림치즈 130g　슈거파우더(전분 5% 함유) 35g　강력분 8g　건조
　　　　　　　　　　　마시멜로 20g

　　　　　　　토핑　· · ·　**초콜릿 크림**
　　　　　　　　　　　양생용 화이트초콜릿(화이트코팅초콜릿) 100g　식물성오일(포도씨
　　　　　　　　　　　유 또는 카놀라유) 8g　지용성 색소(레드) 적당량

　　　　　　　장식　· · ·　건조 마시멜로 적당량　스프링클 적당량　좋아하는 과자 적당량

만드는 법

마시멜로 크림치즈

1   볼에 크림치즈를 넣고 주걱으로 풀어 주세요.

2   체 친 슈거파우더, 강력분, 건조 마시멜로를 넣고 골고루 섞어 주세요.

3   완성한 마시멜로 크림치즈는 랩핑하여 최소 반나절~하루 동안 냉장 휴지해 주세요.

쿠키 반죽

1   볼에 백설탕, 소금, 녹인 버터를 넣고 주걱으로 가볍게 섞어 주세요.

2   1에 물엿과 달걀을 넣고 완전히 섞어 주세요.

3   수용성 색소를 넣고 섞어 주세요.

4   체 친 강력분, 아몬드가루, 베이킹소다, 복분자과즙가루를 넣고 주걱으로 가르듯 섞
     어 주세요.

5 가루가 보이지 않으면 주걱이나 손으로 가볍게 치대어 찰기 있고 윤기 나는 반죽을
만들어 주세요.

🍂 대량으로 반죽할 경우 체중을 실어 손바닥으로 반죽을 치대는 것이 좋습니다.

6 완성한 반죽은 랩핑하여 20분간 냉장 휴지해 주세요.

🍂 완성한 반죽의 적정 온도는 24~26℃입니다.

7 냉장 휴지한 반죽을 4등분 한 후 손바닥 크기로 눌러 주세요.

🍂 휴지가 끝난 반죽의 적정 온도는 18~19℃입니다.

8 7의 반죽 위에 마시멜로 크림치즈를 올린 후 손으로 동그랗게 감싸 주세요.

9 180℃에서 10~11분간 구운 후 팬째 완전히 식혀 주세요.

초콜릿 크림 & 완성

1   녹인 양생용 화이트초콜릿에 식물성오일을 넣고 주걱으로 섞어 주세요.

2   다른 볼에 1의 초콜릿 절반을 나누어 담고 한쪽 볼에만 지용성 색소를 조금 넣은 후
    섞어 주세요.

3   완전히 식은 케이크 쿠키 위에 2의 두 가지 초콜릿 크림을 번갈아 뿌려 주세요.

4   건조 마시멜로 → 초콜릿 크림 → 스프링클 → 건조 마시멜로를 순서대로 올려 주세요.

   좋아하는 과자로 자유롭게 장식해 보세요!

15

딸기폭탄

딸기 치즈 케쿠

쫀득쫀득한 버터스카치 쿠키 반죽 속에 새콤달콤한 딸기가루를 와르르 쏟아 넣었어요. 생일 때만 먹을 수 있었던 딸기 케이크를 365일 원 없이 먹고 싶었던 어린 시절의 애환을 담아 만들어 보았더니, 이제는 먹고 싶을 때 언제든 먹을 수 있게 되었어요. 상큼한 딸기가 입인 가득 팡팡 터지는 딸기폭단, 딸기 치즈 케쿠를 함께 만들어 보아요!

도구   계량저울, 내열용기, 체, 볼, 주걱, 핸드믹서, 아이스크림 스쿱, 오븐 팬, 적외선 온도계, 랩

재료   **메인**　···　**쿠키 반죽**
4개 분량
버터 58g　황설탕 75g　소금 0.7g　물엿 40g　달걀 22g　수용성 색소(레드) 3방울　강력분 105g　아몬드가루(95% 아몬드분말) 28g　베이킹소다 1.3g　동결건조 딸기가루 20g　레몬즙(21% 농축 레몬주스) 6g

　속　···　**딸기 크림치즈**
크림치즈 150g　슈거파우더(전분 5% 함유) 50g　강력분 5g　동결건조 딸기가루 14g

토핑　···　**초콜릿 크림**
양생용 화이트초콜릿(화이트코팅초콜릿) 40g　식물성오일(포도씨유 또는 카놀라유) 5g　동결건조 딸기가루 4g

장식　···　오레오 과자(딸기맛) 적당량　딸기쿠키크런치 적당량　딸기 모양 초콜릿 적당량　좋아하는 과자 적당량

딸기 크림치즈

1   볼에 크림치즈를 넣고 주걱으로 풀어 주세요.

2   체 친 슈거파우더, 강력분, 동결건조 딸기가루를 모두 넣고 골고루 섞어 주세요.

3   완성한 딸기 크림치즈는 랩핑하여 반나절~하루 동안 냉장 휴지해 주세요.

쿠키 반죽

1   볼에 황설탕, 소금, 녹인 버터를 넣고 주걱으로 가볍게 섞어 주세요.

2   1에 물엿, 달걀, 레드 색소를 넣고 완전히 섞어 주세요.

3   체 친 강력분, 아몬드가루, 베이킹소다, 동결건조 딸기가루를 넣고 주걱으로 가르듯
     섞어 주세요.

4   3에 레몬즙을 넣고 섞어 주세요.

5   가루가 보이지 않으면 주걱이나 손으로 가볍게 치대어 찰기 있고 윤기 나는 반죽을 만들어 주세요.

     대량으로 반죽할 경우 체중을 실어 손바닥으로 반죽을 치대는 것이 좋습니다.

6   완성한 반죽은 랩핑하여 20분간 냉장 휴지해 주세요.

     완성한 반죽의 적정 온도는 24~26℃입니다.

7   냉장 휴지한 반죽을 4등분 한 후 손바닥 크기로 눌러 주세요.

     휴지가 끝난 반죽의 적정 온도는 18~19℃입니다.

8   7의 반죽 위에 딸기 크림치즈를 올린 후 손으로 동그랗게 감싸 주세요.

9   180℃에서 10~11분간 구운 후 팬째 완전히 식혀 주세요.

초콜릿 크림 & 완성

1   녹인 양생용 화이트초콜릿에 식물성오일을 넣고 섞어 주세요.

2   1에 동결건조 딸기가루를 넣고 섞어 주세요.

3   완전히 식은 케이크 쿠키 위에 초콜릿 크림을 지그재그 모양으로 뿌려 주세요.

4   그 위에 장식용 재료를 차례대로 올린 후 초콜릿을 차갑게 굳혀 주세요.

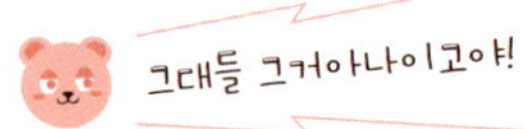

옛날에는 초콜릿 가공 기술이 없어 초콜릿을 그저 음료처럼 갈아 마셨다이고야! 그러던 어느 날, 어느 위대한 네덜란드인의 번뜩이는 아이디어로 카카오에서 카카오버터를 분리해 낼 수 있게 되었고 이것이 바로 오늘날 볼록한 형태의 초콜릿이 되었다이고야!

새로운 초콜릿 시대를 향해 나아가던 어느 날 "초콜릿 규정을 만들어 초콜릿의 근본은 지키면서 다채로운 초콜릿 세상을 만들어 가보자!"라는 엄청난 멋도리 무리가 생겨나 "카카오 함유량에 따라 유지는 카카오버터만 사용" 등의 규정을 만들게 되었고, 이렇게 분류된 초콜릿에만 자칭 '리얼 초콜릿'이라는 명예로운 이름이 붙게 되었다이고야!

한편 리얼 초콜릿 명예를 받지 못한 준 맛도리 초콜릿은 "우리도 가만히 있을 수 없다!"를 외치며 변신을 꾀하는데, 바로 사용하기 편리한 양생용 초콜릿으로 변신했다이고야! 양생용 초콜릿은 빠르게 녹고 굳으며 윤기를 지니고 있고, 초콜릿을 묻힌 과자를 대량생산 할 때도 용이하며 원가가 저렴한 장점이 있다이고야! 다만 카카오버터 대신 식물성 고형유지를 사용하여 잘 흐르지 않기 때문에 얇게 장식하긴 매우 어려운데, 이러한 고난과 역경을 해결하기 위해 식물성오일을 적당량 섞어 사용하면 아주 좋다이고야! 다루기 몹시 어려운 초콜릿을 아름다운 장식용으로 사용해 보자이고야!

16
지구수비대

코코넛 말차 시리얼 케쿠

지구를 지키는 지구수비대! 어릴 적 지구를 지키며 악의 무리와 전투를 하는, 멋진 지구수비대가 등장하는 만화를 즐겨 보았어요. 지구를 지키는 귀엽고 쫀득쫀득한 젤리곰을 지구수비대 전사로 표현해 보았답니다. 재미있는 지구수비대 케쿠를 만들어 볼까요?

도구

계량저울, 내열용기, 체, 볼, 주걱, 핸드믹서, 아이스크림 스쿱, 오븐 팬, 적외선 온도계, 랩

재료
4개 분량

메인 · · · **쿠키 반죽**
버터 58g 황설딩 75g 소금 0.7g 물엿 32g 달걀 20g 강력분 125g 아몬드가루(95% 아몬드분말) 30g 베이킹소다 1.3g 후르츠시리얼 10g

속 · · · **코코넛 크림치즈**
크림치즈 130g 슈거파우더(전분 5% 함유) 35g 강력분 8g 코코넛크림가루 17g 후르츠시리얼 15g

토핑 · · · **말차 크림(냉장 상태로 준비)**
크림치즈 100g 동물성 휘핑크림(유지방 35% 함유) 70g 슈거파우더 35g 말차가루 10g

초콜릿 크림
양생용 화이트초콜릿(화이트코팅초콜릿) 80g 식물성오일(포도씨유 또는 카놀라유) 4g 지용성 색소(블루) 적당량

장식 · · · 후르츠시리얼 석낭량 스프링클 석낭량 곰 모양 젤리 석당량

코코넛 크림치즈

1   볼에 크림치즈를 넣고 주걱으로 풀어 주세요.

2   체 친 슈거파우더, 강력분, 코코넛크림가루를 넣고 골고루 섞어 주세요.

3   2에 후르츠시리얼을 넣고 골고루 섞어 주세요.

4   완성한 코코넛 크림치즈는 랩핑하여 반나절~하루 동안 냉장 휴지해 주세요.

쿠키 반죽

1   볼에 황설탕, 소금, 녹인 버터를 넣고 주걱으로 가볍게 섞어 주세요.

2   1에 물엿과 달걀을 넣고 완전히 섞어 주세요.

3   체 친 강력분, 아몬드가루, 베이킹소다를 넣고 주걱으로 가르듯 섞어 주세요.

4   가루가 절반 정도 섞이면 후르츠시리얼을 넣고 섞어 주세요.

5 가루가 보이지 않으면 손으로 가볍게 치대어 찰기 있고 윤기 나는 반죽을 만들어 주세요.

6 완성한 반죽은 랩핑하여 20분간 냉장 휴지해 주세요.

   완성한 반죽의 적정 온도는 24~26℃입니다.

7 냉장 휴지한 반죽을 4등분 한 후 손바닥 크기로 눌러 주세요.

   휴지가 끝난 반죽의 적정 온도는 18~19℃입니다.

8 7의 반죽 위에 코코넛 크림치즈를 올린 후 손으로 동그랗게 감싸 주세요.

9 180℃에서 11분간 구운 후 팬째 완전히 식혀 주세요.

말차 크림

1 볼에 크림치즈를 넣고 핸드믹서로 부드럽게 풀어 주세요.

2 말차가루와 슈거파우더를 체 쳐 넣고 섞어 주세요.

3 동물성 휘핑크림을 넣어 주세요.

4 핸드믹서로 부드러운 뿔이 만들어질 때까지 휘핑해 주세요.

초콜릿 크림 & 완성

1 녹인 양생용 화이트초콜릿에 식물성오일을 넣고 섞어 주세요.

2 1에 지용성 색소를 조금씩 넣어가며 섞어 주세요.

   🍫 초콜릿에 사용하는 지용성 색소는 유지에 천천히 녹기 때문에 충분히 색을 봐가며
   소량씩 첨가해 섞어 주세요.

3 아이스크림 스쿱으로 말차 크림을 떠서 완전히 식은 케이크 쿠키 위에 올려 주세요.

4 초콜릿 크림을 지그재그 모양으로 뿌린 후 스프링클과 후르츠시리얼, 곰 모양 젤리
   를 올려 주세요.

달달한 거 좋아해?

로투스 캐러멜 모카 케쿠

미용실에 가면 종종 커피와 함께 볼 수 있는 로투스 과자. 커피의 단짝 로투스
과자를 재료로 사용하면 바삭바삭한 식감이 매력적인 맛도리 쿠키를 만들 수
있어요. 이국적인 향을 지닌 로투스 캐러멜 모카 케쿠를 함께 만들어 보아요!

도구
계량저울, 내열용기, 체, 볼, 주걱, 핸드믹서, 아이스크림 스쿱, 오븐 팬, 적외선
온도계, 랩

재료
4개 분량

메인　··· **쿠키 반죽**
버터 58g　황설탕 75g　소금 0.7g　물엿 30g　달걀 20g　모카액
기스 4g　강력분 125g　아몬드가루(95% 아몬드분말) 30g　베이
킹소다 1.3g

속　··· **로투스 크림치즈**
크림치즈 150g　슈거파우더(전분 5% 함유) 35g　인스턴트커피가
루(분말형) 2g　강력분 8g　로투스크럼블 30g

토핑　··· **초콜릿 크림**
양생용 화이트초콜릿(화이트코팅초콜릿) 80g　식물성오일(포도씨유
또는 카놀라유) 10g　인스턴트커피가루(분말형) 2g　로투스크럼블
20g

장식　··· 캐러멜페이스트 적당량　로투스 과자 적당량　로투스크럼블 적
당량　좋아하는 과자 적당량

만드는 법

로투스 크림치즈

1 볼에 크림치즈를 넣고 주걱으로 풀어 주세요.

2 체 친 슈거파우더, 인스턴트커피가루, 강력분, 로투스크럼블을 모두 넣고 골고루 섞어 주세요.

3 완성한 로투스 크림치즈는 랩핑하여 반나절~하루 동안 냉장 휴지해 주세요.

쿠키 반죽

1 볼에 황설탕, 소금, 녹인 버터를 넣고 주걱으로 가볍게 섞어 주세요.

2 1에 물엿, 달걀, 모카액기스를 넣고 완전히 섞어 주세요.

3 체 친 강력분, 아몬드가루, 베이킹소다를 넣고 주걱으로 가르듯 섞어 주세요.

4 가루가 보이지 않으면 주걱이나 손으로 가볍게 치대어 찰기 있고 윤기 나는 반죽을 만들어 주세요.

   대량으로 반죽할 경우 체중을 실어 손바닥으로 반죽을 치대는 것이 좋습니다.

5 완성한 반죽은 랩핑하여 20분간 냉장 휴지해 주세요.

   완성한 반죽의 적정 온도는 24~26℃입니다.

6 냉장 휴지한 반죽을 4등분 한 후 손바닥 크기로 눌러 주세요.

   휴지가 끝난 반죽의 적정 온도는 18~19℃입니다.

7 7의 반죽 위에 로투스 크림치즈를 올린 후 손으로 동그랗게 감싸 주세요.

8 180℃에서 10~11분간 구운 후 팬째 완전히 식혀 주세요.

초콜릿 크림 & 완성

1   녹인 양생용 화이트초콜릿에 식물성오일을 넣고 주걱으로 섞어 주세요.

2   인스턴트커피가루와 로투스크럼블을 넣고 섞어 주세요.

3   완전히 식은 케이크 쿠키 중앙의 로투스 크림치즈를 작은 스푼으로 살짝 눌러 공간을 만들어 주세요.

4   3의 공간에 캐러멜페이스트를 채워 주세요.

5   그 위에 로투스 과자와 좋아하는 과자를 조심스럽게 꽂아 주세요.

6   준비한 초콜릿 크림과 로투스크럼블을 뿌린 후 차갑게 굳혀 주세요.

18

꼬소하니 얼마나 맛있게요

캐러멜 호두 케쿠

중세시대에는 견과류처럼 좋은 지방산을 함유하고 있는 영양가 높은 식량이
귀했어요. 귀족들은 견과류로 다양한 요리를 하곤 했는데, 그중에는 견과류에
캐러멜을 씌워 캐러멜리제하는 것도 있었어요. 오늘날의 탕후루를 견과류로
만드는 것과 비슷해요. 맛있는 캐러멜 호두를 듬뿍 올린 캐러멜 호두 케구, 함
께 만들어 보아요!

도구   계량저울, 내열용기, 체, 볼, 주걱, 핸드믹서, 아이스크림 스쿱, 쿠키 팬, 테프론
시트, 적외선 온도계, 랩

재료   **메인**   · · ·   **쿠키 반죽**
4개 분량   버터 58g 황설탕 75g 소금 0.7g 물엿 22g 번트캐러멜레진
12g 달걀 22g 강력분 125g 아몬드가루(95% 아몬드분말) 30g
베이킹소다 1.3g 호두(다진 것) 40g

속   · · ·   **캐러멜 크림치즈**
크림치즈 150g 강력분 8g 슈거파우더(전분 5% 함유) 35g 캐러
멜초코칩(다진 것) 30g

토핑   · · ·   **초콜릿 크림**
양생용 화이트초콜릿(화이트코팅초콜릿) 80g 식물성오일(포도씨유
또는 카놀라유) 4g

캐러멜 호두
백설탕 100g 물 30g 호두(따뜻한 것) 150g 버터 10g

장식   · · ·   마시멜로 적당량   캐러멜 호두(다진 것)적당량

만드는 법

캐러멜 크림치즈

1 볼에 크림치즈를 넣고 주걱으로 풀어 주세요.

2 체 친 슈거파우더와 강력분을 넣고 섞어 주세요.

3 2에 다진 캐러멜초코칩을 넣고 섞어 주세요.

4 완성한 크림치즈 토핑은 랩핑하여 반나절~하루 정도 냉장 휴지해 주세요.

쿠키 반죽

1 볼에 황설탕, 소금, 녹인 버터를 넣고 주걱으로 가볍게 섞어 주세요.

2 1에 물엿, 번트캐러멜레진, 달걀을 넣고 완전히 섞어 주세요.

3 체 친 강력분, 아몬드가루, 베이킹소다를 넣고 주걱으로 가르듯 섞어 주세요.

4 다진 호두를 넣고 섞어 주세요.

5   가루가 보이지 않으면 주걱이나 손으로 가볍게 치대어 찰기 있고 윤기 나는 반죽을 만들어 주세요.

       🥄 대량으로 반죽할 경우 체중을 실어 손바닥으로 반죽을 치대는 것이 좋습니다.

6   완성한 반죽은 랩핑하여 20분간 냉장 휴지해 주세요.

       🥄 완성한 반죽의 적정 온도는 24~26℃입니다.

7   냉장 휴지한 반죽을 4등분 한 후 손바닥 크기로 눌러 주세요.

       🥄 휴지가 끝난 반죽의 적정 온도는 18~19℃입니다.

8   7의 반죽 위에 캐러멜 크림치즈를 올린 후 손으로 동그랗게 감싸 주세요.

9   180℃에서 10~11분간 구운 후 팬째 완전히 식혀 주세요.

캐러멜 호두

1   냄비에 설탕과 물을 넣은 후 주걱으로 섞지 말고 중강불에서 끓여 주세요.

2   설탕과 물이 끓으며 금색(130℃ 정도)이 되면 준비한 호두를 넣고 주걱으로 잘 저어 주세요.

       🥄 설탕 결정이 호두에 붙으며 캐러멜화되도록 잘 저어 주세요.

3   캐러멜색이 되면 불을 끈 후 버터를 넣고 섞어 주세요.

4   3을 테프론시트 위에 펼쳐 한 김 식혀 주세요.

초콜릿 크림 & 완성

1   녹인 양생용 화이트초콜릿에 식물성오일을 넣고 주걱으로 섞어 주세요.

2   완전히 식은 케이크 쿠키 위에 1을 지그재그 모양으로 뿌린 후 마시멜로와 캐러멜
     호두로 장식해 주세요.

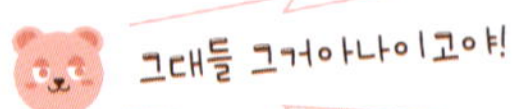

설탕은 물을 넣고 데워지는 온도에 따라 캐러멜 정도에 차이가 생기는데, 110℃에서는
묽은 시럽 형태여서 손으로 쥐었을 때 뭉쳐지지 않는다이고야! 버터크림을 만들 때 가장
많이 사용하는 온도는 118℃ 정도로, 손으로 쥐었을 때 모양이 동그랗게 유지되는 말랑
한 상태이며 130℃ 정도에서는 금빛이 돌면서 캐러멜화가 진행되기 시작하고, 150℃
이상이 되면 캐러멜화가 활발하게 진행된다이고야! 원하는 색이 되었을 때 불을 끄면 되
지만, 냄비의 잔열로 캐러멜화가 계속해서 진행될 수 있으니 반드시 색이 만들어지기 직
전에 불을 끄고 냄비에서 재료를 잽싸게 꺼내야 한다이고야!

19

약과왕자님

약과 바닐라 크림 케쿠

자진모리 장단에 맞춰 두둠칫 하트비트 댄스를 추게 할 바닐라 크림치즈와 약
과의 조합을 약과 왕관을 쓴 귀여운 약과왕자님처럼 표현해 보았어요. 약과를
케쿠로 해석한 약과 왕자님, 귀엽게 즐겨 보아요!

도구　　　　계량저울, 체, 볼, 주걱, 핸드믹서, 아이스크림 스쿱, 오븐 팬, 적외선 온도계,
랩, 냄비, 칼, 도마

재료

4개 분량

메인　···　**쿠키 반죽**
버터 58g　흑설탕 75g　소금 0.7g　조청 32g　달걀 20g　참기름
2g　진간장 1g　강력분 125g　아몬드가루(95% 아몬드분말) 30g
시나몬가루 0.5g　베이킹소다 1.3g

속　···　**바닐라 크림치즈(냉장 상태로 준비)**
크림치즈 150g　바닐라빈 1/3개　슈거파우더(전분 5% 함유) 50g
강력분 10g

토핑　···　**바닐라 크림**
크림치즈 150g　바닐라빈 1/3개　슈거파우더 35g　동물성 휘핑
크림(유지방 35% 함유) 60g

즙청 소스
따듯한 물 6g　조청 55g　시나몬가루 0.2g

장식　···　미니약과 4개　참깨 적당량　검은깨 적당량　피스타치오(다진 것)
적당량

만드는 법

바닐라 크림치즈

1   볼에 크림치즈를 넣고 주걱으로 풀어 주세요.

2   체 친 슈거파우더, 강력분, 바닐라빈 씨를 긁어 넣고 잘 섞어 주세요.

3   완성한 바닐라 크림치즈는 랩핑하여 반나절~하루 동안 냉장 휴지해 주세요.

쿠키 반죽

1   볼에 흑설탕, 소금, 녹인 버터를 넣고 주걱으로 가볍게 섞어 주세요.

2   1에 조청, 달걀, 참기름, 진간장을 넣고 완전히 섞어 주세요.

3   체 친 강력분, 아몬드가루, 시나몬가루, 베이킹소다를 넣고 주걱으로 가르듯 섞어 주세요.

4   가루가 보이지 않으면 주걱이나 손으로 가볍게 치대어 찰기 있고 윤기 나는 반죽을 만들어 주세요.

   🖌 대량으로 반죽할 경우 체중을 실어 손바닥으로 반죽을 치대는 것이 좋습니다.

5   완성한 반죽은 랩핑하여 20분간 냉장 휴지해 주세요.

　　　완성한 반죽의 적정 온도는 24~26℃입니다.

6   냉장 휴지한 반죽을 4등분 한 후 손바닥 크기로 눌러 주세요.

　　　휴지가 끝난 반죽의 적정 온도는 18~19℃입니다.

7   6의 반죽 위에 바닐라 크림치즈를 올린 후 손으로 동그랗게 감싸 주세요.

8   180℃에서 10~11분간 구운 후 팬째 완전히 식혀 주세요.

바닐라 크림

1 볼에 크림치즈를 넣고 핸드믹서 저속으로 부드럽게 풀어 주세요.

2 1에 바닐라빈 씨와 슈거파우더를 넣고 핸드믹서로 섞어 주세요.

3 동물성 휘핑크림을 넣고 부드러운 뿔이 생길 정도로 휘핑한 후 사용 전까지 차갑게 보관해 주세요.

즙청 소스 & 완성

1 냄비에 물, 조청, 시나몬가루를 넣고 중불에서 살짝 끓여 주세요.

2 냄비 중앙까지 끈적한 거품이 바글바글 끓으면 불을 끈 후 체온 정도로 식혀 주세요.

3 아이스크림 스쿱으로 바닐라 크림을 떠서 완전히 식은 케이크 쿠키 위에 올려 주세요.

4 미니약과를 올리고 즙청 소스를 뿌린 후 참깨, 검은깨, 다진 피스타치오를 올려 주세요.

20

초코에게 반함

초코 바나나 케쿠

어릴 적 뷔페에서 초콜릿 분수에 바나나를 퐁당 담궈 먹는 것을 정말 좋아했어요. 달콤 쌉싸름한 초콜릿과 쫀득한 바나나가 얼마나 맛있었는지! 하루 만에 바나나 한 송이를 꿀꺽 먹어 치울 수 있는 최강 먹순이의 추천 조합, 초코 바나나 케쿠를 만들어 볼까요?

도구　　　계량저울, 내열용기, 체, 볼, 주걱, 핸드믹서, 아이스크림 스쿱, 오븐 팬, 적외선 온도계, 랩, 냄비

재료
4개 분량

메인　···　**쿠키 반죽**
버터 58g　황설탕 75g　소금 0.7g　물엿 33g　달걀 22g　바나나오일 3g　강력분 110g　아몬드가루(95% 아몬드분말) 28g　베이킹소다 1.3g　코코아가루 15g　다크청크초코칩 30g

속　···　**코코아 크림치즈**
크림치즈 150g　슈거파우더(전분 5% 함유) 35g　중력분 5g　코코아가루 10g, 바나나오일 4g

토핑　···　**초콜릿 크림**
양생용 화이트초콜릿(화이트코팅초콜릿) 90g　식물성오일(포도씨유 또는 카놀라유) 15g　지용성 색소(옐로우) 적당량　바나나오일 2g　초코쿠키크런치 9g

장식　···　오레오 과자 8개　쿠키크런치 적당량　바나나 모양 초콜릿 4개　바나나 리플잼(옥수수 전분과 함께 냄비에 넣고 3~5분간 끓인 후 식혀서 준비) 60g　옥수수전분 3g　좋아하는 과자 적당량

코코아 크림치즈

1 볼에 크림치즈를 넣고 주걱으로 풀어 주세요.

2 체 친 슈거파우더, 중력분, 바나나오일, 코코아가루를 모두 넣고 골고루 섞어주세요.

3 완성한 코코아 크림치즈는 랩핑하여 반나절~하루 동안 냉장 휴지해 주세요.

쿠키 반죽

1 볼에 황설탕, 소금, 녹인 버터를 넣고 주걱으로 가볍게 섞어 주세요.

2 1에 물엿, 달걀, 바나나오일을 넣고 완전히 섞어 주세요.

3 체 친 강력분, 아몬드가루, 코코아가루, 베이킹소다를 넣고 주걱으로 가르듯 섞어 주세요.

4 3에 다크청크초코칩을 넣고 골고루 섞어 주세요.

5   가루가 보이지 않으면 손으로 가볍게 치대어 찰기 있고 윤기 나는 반죽을 만들어 주세요.

       대량으로 반죽할 경우 체중을 실어 손바닥으로 반죽을 치대는 것이 좋습니다.

6   완성한 반죽은 랩핑하여 20분간 냉장 휴지해 주세요.

       완성한 반죽의 적정 온도는 24~26℃입니다.

7   냉장 휴지한 반죽을 4등분 한 후 손바닥 크기로 눌러 주세요.

       휴지가 끝난 반죽의 적정 온도는 18~19℃입니다.

8   7의 반죽 위에 코코아 크림치즈를 올린 후 손으로 동그랗게 감싸 주세요.

9   180℃에서 10~11분간 구운 후 팬째 완전히 식혀 주세요.

초콜릿 크림 & 완성

1   녹인 양생용 화이트초콜릿에 식물성오일을 넣고 주걱으로 섞어 주세요.

2   1에 지용성 색소를 넣고 섞어 주세요.

     색을 봐 가며 색소를 조금씩 넣어 주세요.

3   초코쿠키크런치와 바나나오일을 넣고 섞어 주세요.

     바나나오일이 초콜릿에 바로 닿으면 초콜릿이 분리될 수 있으니 주의합니다.

4   완전히 식은 케이크 쿠키 중앙의 코코아 크림치즈를 작은 스푼으로 살짝 밀어내 공간을 만든 후 그 안에 바나나 리플잼을 채워 주세요.

5   초콜릿 크림을 지그재그 모양으로 뿌리고 장식용 과자를 올린 후 차갑게 굳혀 주세요.

21

망고치케

망고 치즈 케쿠

달콤 향긋하며 수분이 많아 갈증 해소에 좋은 망고. 여름이면 꼭 찾게 되는 망고치즈케이크 빙수의 달콤하고 시원한 맛을 케쿠에 담아 보았어요. 케쿠를 맛있게 즐기는 마법의 주문 '얼먹꾸덕쫀득!' 망고빙수처럼 시원하게 얼려 먹어도 맛있어요!

도구 계량저울, 내열용기, 체, 볼, 주걱, 핸드믹서, 아이스크림 스쿱, 오븐 팬, 적외선 온도계, 랩

재료
4개 분량

메인 · · · **쿠키 반죽**
버터 58g 황설탕 75g 소금 0.7g 물엿 15g 망고레진 18g 달걀 21g 강력분 125g 아몬드가루(95% 아몬드분말) 30g 베이킹소다 1.3g

속 · · · **망고 크림치즈**
크림치즈 150g 망고레진 12g 강력분 15g 슈거파우더 10g

토핑 · · · **초콜릿 크림**
양생용 망고초콜릿(망고컴파운드초콜릿) 90g 식물성오일(포도씨유 또는 카놀라유) 10g 망고쿠키크런치 20g

장식 · · · 치즈케이크 큐브 적당량 망고 리플잼 적당량 망고쿠키크런치 적당량 좋아하는 과자 적당량

망고 크림치즈

1 볼에 크림치즈를 넣고 주걱으로 풀어준 후 망고레진을 넣고 섞어 주세요.

2 체 친 강력분과 슈거파우더를 넣고 골고루 섞어 주세요.

3 완성한 망고 크림치즈는 랩핑하여 반나절~하루 동안 냉장 휴지해 주세요.

쿠키 반죽

1 볼에 황설탕, 소금, 녹인 버터를 넣고 주걱으로 가볍게 섞어 주세요.

2 1에 물엿, 망고레진, 달걀을 넣고 완전히 섞어 주세요.

3 체 친 강력분, 아몬드가루, 베이킹소다를 넣고 주걱으로 가르듯 섞어 주세요.

4 가루가 보이지 않으면 손으로 가볍게 치대어 찰기 있고 윤기 나는 반죽을 만들어 주세요.

🧹 대량으로 반죽할 경우 체중을 실어 손바닥으로 반죽을 치대는 것이 좋습니다.

5   완성한 반죽은 랩핑하여 20분간 냉장 휴지해 주세요.

      완성한 반죽의 적정 온도는 24~26℃입니다.

6   냉장 휴지한 반죽을 4등분 한 후 손바닥 크기로 눌러 주세요.

      휴지가 끝난 반죽의 적정 온도는 18~19℃입니다.

7   6의 반죽 위에 망고 크림치즈를 올린 후 손으로 동그랗게 감싸 주세요.

8   180℃에서 10~11분간 구운 후 팬째 완전히 식혀 주세요.

초콜릿 크림 & 완성

1   녹인 양생용 망고초콜릿에 식물성오일을 넣고 주걱으로 섞어 주세요.

2   1에 망고쿠키크런치를 넣고 섞어 주세요.

3   완전히 식은 케이크 쿠키 위의 망고 크림치즈를 작은 스푼으로 가볍게 밀어낸 후 그 안에 망고 리플잼을 채워 주세요.

4   그 위에 초콜릿 크림을 뿌리고 치즈케이크 큐브와 좋아하는 과자를 올려 주세요.

22

수박 드실라우?

딸기 말차 초코 케쿠

여름이면 시원한 수박이 생각나요. 모양도 맛도 좋은 수박을 케쿠로 만들어 보고 싶었어요. 초록빛 수박껍질은 말차가루로, 빨간 속살은 딸기레진으로, 씨앗은 초코칩으로 콕콕콕! 수박 디자인의 귀여운 딸기 말차 초코 케쿠를 함께 만들어 보아요!

| **도구** | 계량저울, 내열용기, 체, 볼, 주걱, 핸드믹서, 아이스크림 스쿱, 오븐 팬, 적외선 온도계, 랩 |

재료
4개 분량

메인 · · · **쿠키 반죽**
버터 58g 황설탕 75g 소금 0.7g 물엿 32g 달걀 20g 동물성 휘핑크림(유지방 35% 함유) 11g 강력분 125g 아몬드가루(95% 아몬드분말) 25g 말차가루 12g 베이킹소다 1.3g

속 · · · **라즈베리 크림치즈**
크림치즈 150g 슈거파우더(전분 5% 함유) 50g 강력분 5g 딸기레진 3g 라즈베리 리플잼 10g 수용성 색소(레드) 4방울 미니 초코칩 30g

토핑 · · · **초콜릿 크림**
양생용 다크초콜릿(다크코팅초콜릿) 90g

장식 · · · 녹차쿠키크런치 적당량 수박 모양 젤리 18~20개 좋아하는 초콜릿 또는 과자 적당량

만드는 법

라즈베리 크림치즈

1　볼에 크림치즈를 넣고 주걱으로 풀어 주세요.

2　체 친 슈거파우더, 강력분을 넣고 골고루 섞어 주세요.

3　2에 딸기레진, 라즈베리 리플잼, 수용성 색소를 넣고 골고루 섞어 주세요.

4　미니초코칩을 넣고 골고루 섞어 랩핑한 후 반나절~하루 동안 냉장 휴지해 주세요.

쿠키 반죽 & 완성

1　볼에 황설탕, 소금, 녹인 버터를 넣고 주걱으로 가볍게 섞어 주세요.

2　1에 물엿, 달걀, 동물성 휘핑크림을 넣고 완전히 섞어 주세요.

3　체 친 강력분, 아몬드가루, 말차가루, 베이킹소다를 넣고 주걱으로 가르듯 섞어 주세요.

4　가루가 보이지 않으면 주걱이나 손으로 가볍게 치대어 찰기 있고 윤기 나는 반죽을 만들어 주세요.

　🍪 대량으로 반죽할 경우 체중을 실어 손바닥으로 반죽을 치대는 것이 좋습니다.

5   완성한 반죽은 랩핑하여 20분간 냉장 휴지해 주세요.

    완성한 반죽의 적정 온도는 24~26℃입니다.

6   냉장 휴지한 반죽을 4등분 한 후 손바닥 크기로 눌러 주세요.

    휴지가 끝난 반죽의 적정 온도는 18~19℃입니다.

7   6의 반죽 위에 라즈베리 크림치즈를 올린 후 손으로 동그랗게 감싸 주세요.

8   180℃에서 10~11분간 구운 후 팬째 완전히 식혀 주세요.

9   완전히 식은 케이크 쿠키 위에 녹인 양생용 다크초콜릿을 지그재그로 뿌린 후 장식
용 재료를 올려 주세요.

    이후 초콜릿을 차갑게 굳혀 완성합니다.

말초킹

말차 초코 케쿠

녹차 나뭇잎은 햇볕의 강한 자외선으로부터 자신을 보호하기 위해 떫은 맛의
카테킨 성분을 만들어 낸다고 해요. 녹차 나뭇잎에 그늘막을 씌우면 테아닌 성
분이 포함된 잎이 생성되는데, 이것이 바로 말차랍니다. 말차의 진한 맛과 고운
색을 담은 말초킹! 말차를 좋아하는 사람이라면 꼭 만들어 보세요!

도구　　　계량저울, 내열용기, 체, 볼, 주걱, 핸드믹서, 아이스크림 스쿱, 오븐 팬, 적외선
온도계, 랩

재료　　　**메인**　···　**쿠키 반죽**
4개 분량　　　　　　　　버터 58g 황설탕 75g 소금 0.7g 물엿 32g 달걀 20g 동물성
휘핑크림(유지방 35% 포함) 11g 강력분 125g 아몬드가루(95%
아몬드분말) 25g 말차가루 12g 베이킹소다 1.3g

　　　　　　　속　···　**말차 크림치즈**
크림치즈 150g 슈거파우더(전분 5% 포함) 50g 중력분 5g 말차
가루 10g

　　　　　　　토핑　···　**초콜릿 크림**
양생용 화이트초콜릿(화이트코팅초콜릿) 90g 식물성오일(포도씨유
또는 카놀라유) 15g 말차가루 7g 말차쿠키크런치 9g

　　　　　　　장식　···　녹차쿠키크런치 적당량 좋아하는 과자 적당량

만드는 법

말차 크림치즈

1   볼에 크림치즈를 넣고 주걱으로 풀어 주세요.

2   체 친 슈거파우더, 중력분, 말차가루를 넣고 골고루 섞어 주세요.

3   완성한 말차 크림치즈는 랩핑하여 반나절~하루 동안 냉장 휴지해 주세요.

쿠키 반죽

1   볼에 황설탕, 소금, 녹인 버터를 넣고 주걱으로 가볍게 섞어 주세요.

2   1에 물엿, 달걀, 동물성 휘핑크림을 넣고 완전히 섞어 주세요.

3   체 친 강력분, 아몬드가루, 말차가루, 베이킹소다를 넣고 주걱으로 가르듯 섞어 주세요.

4   가루가 보이지 않으면 주걱이나 손으로 가볍게 치대어 찰기 있고 윤기 나는 반죽을 만들어 주세요.

　　대량으로 반죽할 경우 체중을 실어 손바닥으로 반죽을 치대는 것이 좋습니다.

5   완성한 반죽은 랩핑하여 20분간 냉장 휴지해 주세요.

   완성한 반죽의 적정 온도는 24~26℃입니다.

6   냉장 휴지한 반죽을 4등분 한 후 손바닥 크기로 눌러 주세요.

   휴지가 끝난 반죽의 적정 온도는 18~19℃입니다.

7   6의 반죽 위에 말차 크림치즈를 올린 후 손으로 동그랗게 감싸 주세요.

8   180℃에서 10~11분간 구운 후 팬째 완전히 식혀 주세요.

초콜릿 크림 & 완성

1   녹인 양생용 화이트초콜릿에 식물성오일을 넣고 주걱으로 섞어 주세요.

2   1에 말차가루를 넣고 섞어 주세요.

3   녹차쿠키크런치를 넣고 섞어 주세요.

   🧂 사용하고 남은 초콜릿 크림은 랩핑하여 냉장 보관해 주세요.

4   완전히 식은 케이크 쿠키 위에 초콜릿 크림을 뿌리고 장식용 재료를 올려 주세요.

   🧂 이후 초콜릿을 차갑게 굳혀 완성합니다.

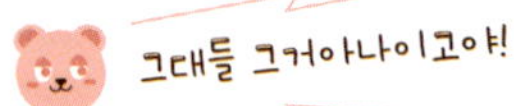

푸른 들판의 청명한 초록색을 지닌 말차가루는 빛과 열에 약하다이고야! 그렇기 때문에 말차가루를 사용한 과자에 조명을 비추거나 열을 가하면 아름다운 푸른빛이 낙엽같은 갈색으로 변신을 한다이고야! 정확한 이유는 알 수 없으나 엽록소 내의 중심 원소 마그네슘은 불안정한 상태이기 때문에 빛과 열이 가해지면 갈변한다이고야! 그리하여 이 아름다운 푸른빛을 보완하기 위해 클로렐라를 섞어 유통하기도 하고 식용 색소로 색을 보완하기도 한다이고야!

24

맛 텐션 끌어 올려~~

티라미수 케쿠

이탈리아의 디저트 티라미수는 '나를 끌어 올리다'라는 의미를 가지고 있어요! 진한 에스프레소를 머금은 달콤한 비스퀴에 부드럽고 농후한 크림, 품질 좋은 코코아가루가 솔솔 뿌려져 있어 입 안이 향긋하고 쌉싸름하게 마무리 되는 맛 있는 디저트지요. 나를 끌어 올리는 맛있는 티라미수를 케쿠로 함께 만들어 보 아요!

도구　　　계량저울, 체, 볼, 주걱, 핸드믹서, 아이스크림 스쿱, 오븐 팬, 적외선 온도계, 랩

재료　　　**메인**　· · ·　**쿠키 반죽**
4개 분량
버터 58g 황설탕 75g 소금 0.7g 물엿 32g 달걀 20g 강력분 125g 아몬드가루(95% 아몬드분말) 30g 베이킹소다 1.3g 인스턴트커피가루(분말형) 4g 다크청크초코칩 30g

　　　　　　　속　· · ·　**커피 크림치즈**
크림치즈 150g 슈거파우더(전분 5% 함유) 35g 강력분 8g 인스턴트커피가루(분말형) 3g

　　　　　　　토핑　· · ·　**치즈 크림**(냉장 상태로 준비)
크림치즈 100g 동물성 휘핑크림(유지방 35% 함유) 70g 슈거파우더(전분 5% 함유) 30g

　　　　　　　장식　· · ·　코코아가루 적당량

만드는 법

커피 크림치즈

1   볼에 크림치즈를 넣고 주걱으로 풀어 주세요.

2   체 친 슈거파우더, 강력분, 인스턴트커피가루를 넣고 골고루 섞어 주세요.

3   완성한 커피 크림치즈는 랩핑하여 반나절~하루 동안 냉장 휴지해 주세요.

쿠키 반죽

1   볼에 황설탕, 소금, 녹인 버터를 넣고 주걱으로 가볍게 섞어 주세요.

2   1에 물엿, 달걀을 넣고 완전히 섞어 주세요.

3   체 친 강력분, 아몬드가루, 베이킹소다, 인스턴트커피가루를 넣고 주걱으로 가르듯
     섞어 주세요.

4   가루가 절반 정도 섞였을 때 다크청크초코칩을 넣고 섞어 주세요.

5 가루가 보이지 않으면 손으로 가볍게 치대어 찰기 있고 윤기 나는 반죽을 만들어 주세요.

　　대량으로 반죽할 경우 체중을 실어 손바닥으로 반죽을 치대는 것이 좋습니다.

6 완성한 반죽은 랩핑하여 20분간 냉장 휴지해 주세요.

　　완성한 반죽의 적정 온도는 24~26℃입니다.

7 냉장 휴지한 반죽을 4등분 한 후 손바닥 크기로 눌러 주세요.

　　휴지가 끝난 반죽의 적정 온도는 18~19℃입니다.

8 7의 반죽 위에 커피 크림치즈를 올린 후 손으로 동그랗게 감싸 주세요.

9 180℃에서 10~11분간 구운 후 팬째 완전히 식혀 주세요.

치즈 크림 & 완성

1   볼에 크림치즈를 넣고 핸드믹서로 부드러워질 때까지 휘핑해 주세요.

2   동물성 휘핑크림을 넣고 부드럽게 휘핑해 주세요.

3   슈거파우더를 넣고 부드러운 뿔이 설 정도로 휘핑해 주세요.

4   아이스크림 스쿱으로 3의 치즈 크림을 떠서 완전히 식은 케이크 쿠키 위에 올려 주
세요.

5   코코아가루를 뿌려 주세요.

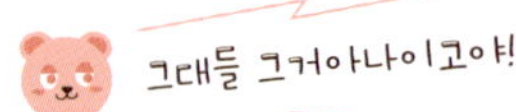

클래식 티라미수는 맛있는 에스프레소와 품질 좋은 마스카르포네치즈를 사용하는 것이
정석이다이고야! 하지만 마스카르포네치즈는 치즈라기 보다는 유지방 함량이 높은 크
림에 가깝기 때문에 과한 휘핑이나 가열을 하면 분리되어 버린다이고야! 또한 마스카르
포네치즈는 보형성이 좋지 않기 때문에 케쿠 반죽 속에 넣는 것은 권장하지 않는다이고
야! 마스카르포네치즈 대신 유지방 함량이 높은 농후한 맛의 크림치즈를 사용한다면 맛
도리 티라미수 케쿠를 완성할 수 있으니 걱정말라이고야!

25

우아하게 티타임

얼그레이 밀크티 케쿠

영국에서는 오후 3시에 홍차와 함께 달콤한 티푸드를 즐기는 티타임 문화가 있다고 해요. 밀크티는 이제 국내 카페에서도 흔히 볼 수 있는 메뉴인 만큼 즐기는 이들도 많아진 것 같아요. 얼그레이의 그윽함과 우아함을 담은, 티푸드로도 즐기기 좋은 얼그레이 밀크티 케쿠를 함께 만들어 볼까요?

도구

계량저울, 내열용기, 체, 볼, 주걱, 핸드믹서, 푸드프로세서, 아이스크림 스쿱, 오븐 팬, 적외선 온도계, 랩

재료
4개 분량

메인 · · · **쿠키 반죽**

버터 58g 황설탕 75g 소금 0.7g 물엿 32g 달걀 22g 강력분 125g 아몬드가루(95% 아몬드 분말) 30g 베이킹소다 1.3g 얼그레이 찻잎(푸드프로세서에 곱게 갈아 준비) 3g

속 · · · **밀크티 크림치즈**

크림치즈 165g 슈거파우더(전분 5% 함유) 50g 강력분 5g 밀크티가루 11g

토핑 · · · **초콜릿가나슈**

화이트커버춰초콜릿(중탕하거나 전자레인지에 돌려 녹여서 준비) 60g 동물성 휘핑크림(유지방 35% 함유) 40g 얼그레이 찻잎 2g 버터(포마드 상태로 준비) 50g 동물성 휘핑크림(유지방 35% 함유, 분량 외)

초콜릿 크림

양생용 화이트초콜릿(화이트코팅초콜릿) 80g 식물성오일(포도씨유 또는 카놀라유) 4g

장식 · · · 로투스 과자 적당량 로투스크럼블 적당량 딸기초코칩 4개 좋아하는 과자 적당량

만드는 법

밀크티 크림치즈

1 볼에 크림치즈를 넣고 주걱으로 풀어 주세요.

2 체 친 슈거파우더, 강력분, 밀크티가루를 넣고 골고루 섞어 주세요.

3 완성한 밀크티 크림치즈는 랩핑하여 반나절~하루 동안 냉장 휴지해 주세요.

쿠키 반죽

1 볼에 황설탕, 소금, 녹인 버터를 넣고 주걱으로 가볍게 섞어 주세요.

2 1에 물엿, 달걀을 넣고 완전히 섞어 주세요.

3 체 친 강력분, 아몬드가루, 베이킹소다, 곱게 간 얼그레이 찻잎을 넣고 주걱으로 가르듯 섞어 주세요.

4 가루가 보이지 않으면 주걱이나 손으로 가볍게 치대어 찰기 있고 윤기 나는 반죽을 만들어 주세요.

🥄 대량으로 반죽할 경우 체중을 실어 손바닥으로 반죽을 치대는 것이 좋습니다.

5   완성한 반죽은 랩핑하여 20분간 냉장 휴지해 주세요.

  　　　완성한 반죽의 적정 온도는 24~26℃입니다.

6   냉장 휴지한 반죽을 4등분 한 후 손바닥 크기로 눌러 주세요.

  　　　휴지가 끝난 반죽의 적정 온도는 18~19℃입니다.

7   6의 반죽 위에 밀크티 크림치즈를 올린 후 손으로 동그랗게 감싸 주세요.

8   180℃에서 10~11분간 구운 후 팬째 완전히 식혀 주세요.

초콜릿가나슈

1 50~60℃로 따듯하게 데운 동물성 휘핑크림에 얼그레이 찻잎을 넣고 7분간 우려 주세요.

   ◈ 반드시 랩핑한 후 우려 주세요.

2 1의 우린 크림을 체에 걸러 그중 30g을 계량해 주세요.

   ◈ 우린 크림의 양이 부족하면 부족한 양만큼 동물성 휘핑크림(분량 외)으로 채워 주세요.

3 녹인 화이트커버춰초콜릿에 2의 크림을 넣고 잘 섞어 주세요.

4 포마드 상태의 버터를 넣고 섞어 주세요.

   ◈ 초콜릿가나슈의 사용 적정 온도는 18~20℃입니다.

초콜릿 크림 & 완성

1 녹인 양생용 화이트초콜릿에 식물성오일을 넣고 주걱으로 섞어 주세요.

2 아이스크림 스쿱으로 초콜릿가나슈를 떠서 완전히 식은 케이크 쿠키 위에 올린 후 초콜릿 크림을 뿌리고 장식용 재료를 올려 주세요.

26
허밍버드

코코넛 파인애플 케쿠

'벌새'라는 뜻의 허밍버드는 '허밍버드 컵케이크'로 잘 알려져 있어요. 컵케이크 위의 건조 파인애플이 마치 꽃에 앉은 벌새와 같다고 하여 붙여진 이름이지요. 컵케이크에만 허밍버드가 오게 할 수는 없죠! 달콤한 케쿠에도 사랑스러운 벌새, 허밍버드를 불러와 볼까요?

도구 계량저울, 체, 볼, 주걱, 핸드믹서, 스패출러, 오븐 팬, 적외선 온도계, 랩

재료
4개 분량

메인 · · · **쿠키 반죽**
버터 58g 황설탕 75g 소금 0.7g 물엿 32g 달걀 20g 강력분 125g 코코넛가루 35g 베이킹소다 1.3g 옥수수전분 10g 시나몬가루 3g 피칸(다진 것) 40g 파인애플 조각(물기 제거 후 다진 것) 35g

속 · · · **파인애플 크림치즈**
크림치즈 145g 슈거파우더(전분 5% 함유) 40g 강력분 8g 코코넛크림가루 22g 파인애플 조각(물기 제거 후 다진 것) 40g

토핑 · · · **코코넛 크림치즈**
크림치즈 150g 동물성 휘핑크림(유지방 35% 함유) 60g 슈거파우더 30g 코코넛크림가루 60g

장식 · · · 건조 파인애플 적당량 코코넛 슬라이스 적당량 피칸(다진 것) 적당량

만드는 법

파인애플 크림치즈

1   볼에 크림치즈를 넣고 주걱으로 풀어 주세요.

2   체 친 슈거파우더, 강력분, 코코넛크림가루를 넣고 골고루 섞어 주세요.

3   2에 파인애플 조각을 넣고 섞어 주세요.

4   완성한 파인애플 크림치즈는 랩핑하여 반나절~하루 동안 냉장 휴지해 주세요.

쿠키 반죽

1   볼에 황설탕, 소금, 녹인 버터를 넣고 주걱으로 가볍게 섞어 주세요.

2   1에 물엿, 달걀을 넣고 완전히 섞어 주세요.

3   체 친 강력분, 코코넛가루, 베이킹소다, 옥수수전분, 시나몬가루를 넣고 주걱으로 가르듯 섞어 주세요.

4   가루가 절반 정도 섞이면 다진 피칸과 파인애플 조각을 넣고 주걱으로 가르듯 섞어 주세요.

5 가루가 보이지 않으면 주걱이나 손으로 가볍게 치대어 찰기 있고 윤기 나는 반죽을 만들어 주세요.

 🥄 파인애플의 수분으로 반죽이 손에 달라붙을 수 있어요. 대량으로 반죽할 경우 체중을 실어 손바닥으로 반죽을 치대는 것이 좋습니다.

6 완성한 반죽은 랩핑하여 20분간 냉장 휴지해 주세요.

 🥄 완성한 반죽의 적정 온도는 24~26℃입니다.

7 냉장 휴지한 반죽을 4등분 한 후 손바닥 크기로 눌러 주세요.

 🥄 휴지가 끝난 반죽의 적정 온도는 18~19℃입니다.

8 7의 반죽 위에 파인애플 크림치즈를 올린 후 손으로 동그랗게 감싸 주세요.

9 180℃에서 11~12분간 구운 후 팬째 완전히 식혀 주세요.

 🥄 파인애플은 수분이 많으므로 충분히 구워 주세요.

코코넛 크림치즈 & 완성

1   볼에 크림치즈를 넣고 핸드믹서 저속으로 부드럽게 풀어 주세요.

2   1에 차가운 동물성 휘핑크림을 넣고 핸드믹서로 섞어 주세요.

3   슈거파우더와 코코넛크림가루를 넣고 핸드믹서로 부드러운 뿔이 설 정도로 휘핑한
후 사용 전까지 차갑게 보관해 주세요.

4   스패츌러로 코코넛 크림치즈를 떠서 완전히 식은 케이크 쿠키 위에 올리고, 그 위에
장식용 재료를 올려 주세요.

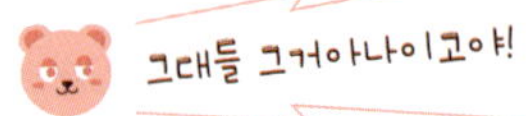

덧가루로 강력분을 사용하는 이유는 박력분이나 중력분에 비해 전분 함량이 적고 입자
가 굵기 때문이다이고야! 덧가루로 엉뚱한 밀가루를 사용하면 반죽이 찰싹찰싹 달라붙
는 대참사가 발생할 수 있으니 덧가루는 반드시 강력분을 사용해야 한다이고야! 또한
덧가루를 과도하게 사용하면 반죽에 스며들기 때문에 반죽의 식감이 안 좋아질 수 있으
니 필요 이상의 덧가루를 사용하지 않도록 작업해 보자이고야!

27
초코캡터체리

체리 초코 케쿠

달콤한 체리는 초콜릿과 환상궁합이에요. 겨울이면 초콜릿 비스퀴 사이사이에 달콤한 초콜릿 크림과 체리가 샌드된 포레누아케이크가 생각이 나요. 귀여운 꼭지가 달린 체리는 장식용으로 사용하기에도 좋지요. '카드캡터 체리'의 주인공 체리처럼, 달콤한 초코를 잡으러 다니는 사랑스럽고 달콤한 초코캡터 체리 케쿠를 만들어 볼까요?

도구

계량저울, 체, 볼, 주걱, 핸드믹서, 아이스크림 스쿱, 오븐 팬, 적외선 온도계, 랩, 칼, 도마

재료
4개 분량

메인 · · · **쿠키 반죽**
버터 58g 황설탕 75g 소금 0.7g 물엿 33g 달걀 22g 강력분 110g 아몬드가루(95% 아몬드분말) 28g 베이킹소다 1.3g 코코아가루 15g 다크청크초코칩 30g

속 · · · **체리 크림치즈**
크림치즈 150g 슈거파우더 10g 강력분 15g 체리레진 12g 체리콩포트(물기 제거 후 칼로 다져 준비) 35g

토핑 · · · **체리 크림**(냉장 상태로 준비)
크림치즈 100g 동물성 휘핑크림(유지방 35% 함유) 70g 체리레진 12g 체리콩포트(물기 제거 후 칼로 다져 준비) 35g

장식 · · · 초코시럽 적당량 체리 4개 다크블로섬 초콜릿컬 적당량 좋아하는 과자 적당량

체리 크림치즈

1   볼에 크림치즈를 넣고 주걱으로 부드럽게 풀어 주세요.

2   체 친 슈거파우더와 강력분을 넣고 골고루 섞어 주세요.

3   체리레진과 다진 체리콩포트를 넣고 섞어 주세요.

4   완성한 체리 크림치즈는 랩핑하여 반나절~하루 동안 냉장 휴지해 주세요.

쿠키 반죽

1   볼에 황설탕, 소금, 녹인 버터를 넣고 주걱으로 가볍게 섞어 주세요.

2   1에 물엿, 달걀을 넣고 완전히 섞어 주세요.

3   체 친 강력분, 아몬드가루, 베이킹소다, 코코아가루를 넣고 주걱으로 가르듯 섞어 주
세요.

4   가루가 절반 정도 섞이면 다크청크초코칩을 넣고 주걱으로 가르듯 섞어 주세요.

5 가루가 보이지 않으면 손으로 가볍게 치대어 찰기 있고 윤기 나는 반죽을 만들어 주세요.

   🥄 대량으로 반죽할 경우 체중을 실어 손바닥으로 반죽을 치대는 것이 좋습니다.

6 완성한 반죽은 랩핑하여 20분간 냉장 휴지해 주세요.

   🥄 완성한 반죽의 적정 온도는 24~26℃입니다.

7 냉장 휴지한 반죽을 4등분 한 후 손바닥 크기로 눌러 주세요.

   🥄 휴지가 끝난 반죽의 적정 온도는 18~19℃입니다.

8 7의 반죽 위에 체리 크림치즈를 올린 후 손으로 동그랗게 감싸 주세요.

9 180℃에서 10~11분간 구운 후 팬째 완전히 식혀 주세요.

체리 크림

1   볼에 크림치즈를 넣고 핸드믹서로 부드럽게 풀어 주세요.

2   1에 동물성 휘핑크림을 넣고 핸드믹서로 잘 섞어 주세요.

3   체리레진을 넣고 섞어 주세요.

4   다진 체리콩포트를 넣고 섞은 후 사용 전까지 차갑게 보관해 주세요.

완성

1   아이스크림 스쿱으로 체리 크림을 떠서 완전히 식은 케이크 쿠키 위에 올려 주세요.

2   그 위에 초코시럽을 지그재그 모양으로 짜 주세요.

3   장식용 체리, 다크블로섬 초콜릿컬, 좋아하는 과자를 올려 주세요.

28
콩떡쑥떡

쑥 인절미 케쿠

쌉싸름한 참쑥가루 반죽에 콩가루 맛의 인절미 크림치즈를 넣었어요. 쫀득한 마시멜로와 고소한 캐러멜 아몬드가 와르르! 맛도리라 소문나면 줄 서서 기다려야 할지도 몰라요! 맛있는 건 혼자 먹고픈 간절한 마음을 담은 쑥 인절미 케쿠를 만들어 볼까요?

도구

계량저울, 내열용기, 체, 볼, 주걱, 핸드믹서, 아이스크림 스쿱, 오븐 팬, 테프론 시트, 적외선 온도계, 랩, 냄비, 칼, 도마

재료
4개 분량

메인 · · · **쿠키 반죽**
버터 58g 황설탕 75g 소금 0.7g 물엿 35g 달걀 25g 강력분 105g 아몬드가루(95% 아몬드분말) 30g 베이킹소다 1.3g 참쑥가루 15g

속 · · · **인절미 크림치즈**
크림치즈 150g 동물성 휘핑크림(유지방 35% 함유) 15g 슈거파우더(전분 5% 함유) 45g 볶은 콩가루 20g

토핑 · · · **캐러멜 아몬드**
백설탕 100g 물 30g 아몬드 150g 버터 10g

초콜릿 크림
양생용 화이트초콜릿(화이트코팅초콜릿) 90g 식물성오일(포도씨유 또는 카놀라유) 10g 볶은 콩가루 10g

장식 · · · 마시멜로 적당량 쿠키크런치 적당량

인절미 크림치즈

1   볼에 크림치즈를 넣고 주걱으로 풀어 주세요.

2   체 친 슈거파우더, 볶은 콩가루, 동물성 휘핑크림을 넣고 골고루 섞어 주세요.

3   완성한 인절미 크림치즈는 랩핑하여 반나절~하루 동안 냉장 휴지해 주세요.

쿠키 반죽

1   볼에 황설탕, 소금, 녹인 버터를 넣고 주걱으로 가볍게 섞어 주세요.

2   1에 물엿, 달걀을 넣고 완전히 섞어 주세요.

3   체 친 강력분, 아몬드가루, 베이킹소다, 참쑥가루를 넣고 주걱으로 가르듯 섞어 주세요.

4   가루가 보이지 않으면 주걱이나 손으로 가볍게 치대어 찰기 있고 윤기 나는 반죽을 만들어 주세요.

   🥄 대량으로 반죽할 경우 체중을 실어 손바닥으로 반죽을 치대는 것이 좋습니다.

5 완성한 반죽은 랩핑하여 20분간 냉장 휴지해 주세요.

　◈ 완성한 반죽의 적정 온도는 24~26℃입니다.

6 냉장 휴지한 반죽을 4등분 한 후 손바닥 크기로 눌러 주세요.

　◈ 휴지가 끝난 반죽의 적정 온도는 18~19℃입니다.

7 6의 반죽 위에 인절미 크림치즈를 올린 후 손으로 동그랗게 감싸 주세요.

8 180℃에서 10~11분간 구운 후 팬째 완전히 식혀 주세요.

캐러멜 아몬드

1   냄비에 백설탕과 물을 넣고 주걱으로 섞지 않은 채 그대로 중불에서 끓여 주세요.

2   1이 끓으면서 금색을 띠면 아몬드를 넣고 설탕 결정이 아몬드에 붙으며 캐러멜화 될 수 있도록 주걱으로 저어 주세요.

3   캐러멜색이 되면 불을 끈 후 버터를 넣고 섞어 주세요.

4   3을 테프론시트 위에 펼친 후 식혀 주세요.

5   캐러멜 아몬드가 완전히 식으면 적당한 크기로 다져 주세요.

초콜릿 크림 & 완성

1   녹인 양생용 화이트초콜릿에 식물성오일을 넣고 섞어 주세요.

2   볶은 콩가루를 넣고 섞어 주세요.

3   완전히 식은 케이크 쿠키 위에 2의 초콜릿 크림을 뿌려 주세요.

4   장식용 마시멜로, 쿠키크런치, 다진 캐러멜 아몬드를 올린 후 초콜릿 크림을 한 번 더 뿌려 주세요.

단호박! 단호합니다...

단호박 시나몬 크림 케쿠

단호하게 맛있다 할 수 있는 단호박! 가을 겨울철에 생각나는 따끈따끈 갓 구운 진한 시나몬 풍미의 단호박 파이를 케쿠로 만들어 볼까요? 진한 향의 꾸덕한 단호박 케쿠를 대량생산 하여 너도나도 함께 즐겨 보아요!

도구　　　계량저울, 내열용기, 체, 볼, 주걱, 핸드믹서, 아이스크림 스쿱, 오븐 팬, 적외선 온도계, 랩

재료
4개 분량

메인　···　**쿠키 반죽**
버터 58g 황설탕 75g 소금 0.7g 물엿 40g 달걀 22g 넛맥(강판에 30회 징도 갈아 준비) 동물성 휘핑크림(유지방 35% 함유) 10g 강력분 105g 아몬드가루(95% 아몬드분말) 30g 단호박가루 20g 시나몬가루 4g 베이킹소다 1.3g

속　···　**단호박 크림치즈**
크림치즈 150g 슈거파우더(전분 5% 함유) 50g 강력분 5g 시나몬가루 1g 단호박가루 20g

토핑　···　**크럼블**
중력분 50g 황설탕 25g 버터 50g 아몬드가루 50g 시나몬가루 3g

초콜릿 크림
양생용 화이트초콜릿(화이트코팅초콜릿) 100g 식물성오일(포도씨유 또는 카놀라유) 8g 단호박가루 5g

장식　···　좋아하는 과자 적당량

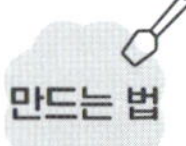

단호박 크림치즈

1   볼에 크림치즈를 넣고 주걱으로 풀어 주세요.

2   체 친 슈거파우더, 강력분, 단호박가루, 시나몬가루를 넣고 골고루 섞어 주세요.

3   완성한 단호박 크림치즈는 랩핑하여 반나절~하루 동안 냉장 휴지해 주세요.

쿠키 반죽

1   볼에 황설탕, 소금, 녹인 버터를 넣고 주걱으로 가볍게 섞어 주세요.

2   1에 물엿, 달걀을 넣고 섞어 주세요.

3   동물성 휘핑크림을 넣고 섞어 주세요.

4   체 친 강력분, 아몬드가루, 단호박가루, 시나몬가루, 베이킹소다와 갈아 준비한 넛맥을 넣고 주걱으로 가르듯 섞어 주세요.

5   가루가 보이지 않으면 주걱이나 손으로 가볍게 치대어 찰기 있고 윤기 나는 반죽을 만들어 주세요.

     대량으로 반죽할 경우 체중을 실어 손바닥으로 반죽을 치대는 것이 좋습니다.

6   완성한 반죽은 랩핑하여 20분간 냉장 휴지해 주세요.

     완성한 반죽의 적정 온도는 24~26℃입니다.

7   냉장 휴지한 반죽을 4등분 한 후 손바닥 크기로 눌러 주세요.

     휴지가 끝난 반죽의 적정 온도는 18~19℃입니다.

8   7의 반죽 위에 단호박 크림치즈를 올린 후 손으로 동그랗게 감싸 주세요.

9   180℃에서 10~11분간 구운 후 팬째 완전히 식혀 주세요.

크럼블

1 볼에 크럼블 재료를 모두 넣고 손으로 가볍게 비벼 주세요.

2 콩알만 한 크기로 만들어 주세요.

   완성한 크럼블의 사용 적정 온도는 18℃입니다. 온도가 높아 질어졌다면 냉장 보관해 차갑게 굳혀 사용합니다.

3 오븐 팬에 완성한 크럼블을 펼치고 170℃에서 12분간 구운 후 팬째 식혀 주세요.

4 완전히 식은 크럼블을 적당한 크기로 부숴 주세요.

초콜릿 크림 & 완성

1   녹인 양생용 화이트초콜릿에 식물성오일을 넣고 섞어 주세요.

2   단호박가루를 넣고 섞어 주세요.

3   완전히 식은 케이크 쿠키 위에 초콜릿 크림을 지그재그 모양으로 뿌린 후 크럼블과 좋아하는 과자를 올려 주세요.

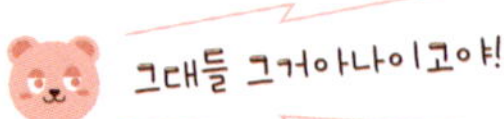

단호박가루에는 탄수화물(전분)이 많이 함유되어 있어 수분을 흡수하는 성질이 있다이고야! 단호박가루를 넣고 과자를 구울 때는 수분 재료를 보충해 주어야 하는데, 케쿠 특유의 쫀득한 식감을 살리기 위해 물엿과 트리몰린처럼 수분을 함유한 당을 첨가하는 것이 적절하다이고야! 그렇게 되면 오븐에 구웠을 때 열에 의한 화학반응으로 설탕이 재결정화되어 딱딱해지지 않고 쫀득쫀득해진다이고야!

30
땅콩젤리

땅콩버터 딸기잼 케쿠

땅콩버터를 참 좋아하지만 식빵에 단독으로 발라 먹었을 땐 목이 막히더라구
요. 그래서 종종 땅콩버터와 딸기잼 조합으로 먹곤 하는데, 외국에서는 이미 식
빵 + 땅콩버터 + 딸기잼 조합을 즐겼다고해요! 어릴 적 마트에 진열된 땅콩버
터 잼을 보며 "참 맛있겠다!"하며 군침을 흘렸던 기억이 나네요. 먹잘알들만 아
는 땅콩버터 딸기잼 케쿠를 함께 만들어 보아요!

도구　　　　　계량저울, 내열용기, 체, 볼, 주걱, 핸드믹서, 아이스크림 스쿱, 오븐 팬, 적외선
　　　　　　　　온도계, 랩

재료　　　　　**메인**　· · ·　**쿠키 반죽**
4개 분량　　　　　　　　버터 45g　크리미 땅콩버터 30g　흑설탕 75g　소금 0.7g　물엿
　　　　　　　　　　　35g　달걀 25g　강력분 125g　아몬드가루(95% 아몬드분말) 13g
　　　　　　　　　　　베이킹소다 1.3g　땅콩가루 20g　땅콩분태 30g

　　　　　　　　속　· · ·　**땅콩버터 크림치즈**
　　　　　　　　　　　크림치즈 150g　슈거파우더(전분 5% 포함) 35g　강력분 10g　땅
　　　　　　　　　　　콩버터초코칩(다진 것) 30g

　　　　　　　　토핑　· · ·　**초콜릿 크림**
　　　　　　　　　　　양생용 화이트초콜릿(화이트코팅초콜릿) 80g　식물성오일(포도씨유
　　　　　　　　　　　또는 카놀라유) 7g　동결건조 딸기가루 4g　피넛크런치 20g

　　　　　　　　장식　· · ·　딸기 리플잼 적당량　땅콩샌드쿠키 적당량　피넛크런치 적당량
　　　　　　　　　　　좋아하는 과자 적당량

땅콩버터 크림치즈

1   볼에 크림치즈를 넣고 주걱으로 풀어 주세요.

2   체 친 슈거파우더, 강력분, 다진 땅콩버터초코칩을 넣고 골고루 섞어 주세요.

3   완성한 땅콩버터 크림치즈는 랩핑하여 반나절~하루 동안 냉장 휴지해 주세요.

쿠키 반죽

1   볼에 흑설탕, 소금, 녹인 버터, 땅콩버터를 넣고 주걱으로 가볍게 섞어 주세요.

2   1에 물엿, 달걀을 넣고 완전히 섞어 주세요.

3   체 친 강력분, 아몬드가루, 베이킹소다, 땅콩가루를 넣고 주걱으로 가르듯 섞어 주
     세요.

4   3이 절반 정도 섞이면 땅콩분태를 넣고 주걱으로 가르듯 골고루 섞어 주세요.

5 가루가 보이지 않으면 주걱이나 손으로 가볍게 치대어 찰기 있고 윤기 나는 반죽을 만들어 주세요.

> 대량으로 반죽할 경우 체중을 실어 손바닥으로 반죽을 치대는 것이 좋습니다.

6 완성한 반죽은 랩핑하여 20분간 냉장 휴지해 주세요.

> 완성한 반죽의 적정 온도는 24~26℃입니다.

7 냉장 휴지한 반죽을 4등분 한 후 손바닥 크기로 눌러 주세요.

> 휴지가 끝난 반죽의 적정 온도는 18~19℃입니다.

8 7의 반죽 위에 땅콩버터 크림치즈를 올린 후 손으로 동그랗게 감싸 주세요.

9 180℃에서 10~11분간 구운 후 팬째 완전히 식혀 주세요.

초콜릿 크림 & 완성

1 녹인 양생용 화이트초콜릿에 식물성오일을 넣고 주걱으로 섞어 주세요.

2 1에 동결건조 딸기가루를 넣고 섞어 주세요.

3 피넛크런치를 넣고 섞어 주세요.

4 구운 케이크 쿠키가 약간 따듯할 때 쿠키 가운데 부분의 땅콩버터 크림치즈를 스푼으로 약간 밀어낸 후 딸기 리플잼을 올려 주세요.

5 4 위에 초콜릿 크림을 뿌린 후 땅콩샌드쿠키와 좋아하는 과자를 올리고, 초콜릿 크림과 피넛크런치를 뿌려 주세요.

31
딸마시안

오레오 초코 케쿠

어릴 적 텔레비전에서 본 ‘101마리 달마시안’ 만화 영화는 저의 최애 만화 영
화였어요. 장난꾸러기 귀여운 달마시안을 보는 것만으로도 큰 힐링이 되었답
니다. 귀여운 달마시안을 닮은 오레오 초코 케쿠를 함께 만들어 보아요!

도구　　　　계량저울, 내열용기, 체, 볼, 주걱, 핸드믹서, 아이스크림 스쿱, 오븐 팬, 적외선
온도계, 랩

재료　　　　**메인**　· · ·　**쿠키 반죽**
4개 분량　　　　　　　　버터 58g 백설탕 75g 소금 0.7g 물엿 32g 달걀 21g 강력분
　　　　　　　　　　　 125g 아몬드가루(95% 아몬드분말) 30g 베이킹소다 1.3g 초코
　　　　　　　　　　　 쿠키크런치 20g

　　　　　　　　속　· · ·　**초코쿠키 크림치즈**
　　　　　　　　　　　 크림치즈 150g 슈거파우더(전분 5% 함유) 50g 강력분 8g 초코
　　　　　　　　　　　 쿠키크런치 30g

　　　　　　　　토핑　· · ·　**초콜릿 크림**
　　　　　　　　　　　 양생용 화이트초콜릿(화이트코팅초콜릿) 90g 식물성오일(포도씨유
　　　　　　　　　　　 또는 카놀라유) 15g 오레오초코크런치 9g

　　　　　　　　장식　· · ·　오레오 과자 적당량 초코쿠키크런치 적당량

초코쿠키 크림치즈

1   볼에 크림치즈를 넣고 주걱으로 풀어 주세요.

2   체 친 슈거파우더, 강력분, 초코쿠키크런치를 넣고 골고루 섞어 주세요.

3   완성한 초코쿠키 크림치즈는 랩핑하여 반나절~하루 동안 냉장 휴지해 주세요.

쿠키 반죽

1   볼에 백설탕, 소금, 녹인 버터를 넣고 주걱으로 가볍게 섞어 주세요.

2   1에 물엿, 달걀을 넣고 완전히 섞어 주세요.

3   체 친 강력분, 아몬드가루, 베이킹소다를 넣고 주걱으로 가르듯 섞어 주세요.

4   가루가 절반 정도 섞이면 초코쿠키크런치를 넣고 주걱으로 가르듯 섞어 주세요.

5   가루가 보이지 않으면 주걱이나 손으로 가볍게 치대어 찰기 있고 윤기 나는 반죽을 만들어 주세요.

    대량으로 반죽할 경우 체중을 실어 손바닥으로 반죽을 치대는 것이 좋습니다.

6   완성한 반죽은 랩핑하여 20분간 냉장 휴지해 주세요.

    완성한 반죽의 적정 온도는 24~26℃입니다.

7   냉장 휴지한 반죽을 4등분 한 후 손바닥 크기로 눌러 주세요.

    휴지가 끝난 반죽의 적정 온도는 18~19℃입니다.

8   7의 반죽 위에 초코쿠키 크림치즈를 올린 후 손으로 동그랗게 감싸 주세요.

9   180℃에서 10~11분간 구운 후 팬째 완전히 식혀 주세요.

초콜릿 크림 & 완성

1   녹인 양생용 화이트초콜릿에 식물성오일을 넣고 주걱으로 섞어 주세요.

2   1에 초코쿠키크런치를 넣고 섞어 주세요.

3   완전히 식은 케이크 쿠키 위에 장식용 오레오 과자를 꽂아 주세요.

4   2의 초콜릿 크림과 초코쿠키크런치를 뿌린 후 초콜릿을 차갑게 굳혀 주세요.

32

요거당! 블루베리

블루베리 요거트 케쿠

아침을 챙겨 먹기 귀찮을 땐 요거트에 상큼 달콤한 블루베리를 넣어 호로록 먹
곤 해요. 건강에도 좋고 비타민이 풍부해 아침부터 기분 좋은 에너지가 생기는
기분이 들거든요! 상큼 달콤한 블루베리 요거트의 맛을 케쿠에 담아 보았어요.
예쁜 블루베리 요거트 케쿠와 함께 에너지 충전해 볼까요?

도구 계량저울, 체, 볼, 주걱, 핸드믹서, 아이스크림 스쿱, 오븐 팬, 적외선 온도계, 랩

재료 **메인** · · · **쿠키 반죽**
4개 분량 버터 58g 황설탕 75g 소금 0.7g 물엿 32g 달걀 20g 강력분
125g 아몬드가루(95% 아몬드분말) 30g 베이킹소다 1.3g 건조
블루베리(뜨거운 물에 데친 후 물기 제거해 준비) 50g

속 · · · **요거트 크림치즈(냉장 상태로 준비)**
크림치즈 150g 슈거파우더(전분 5% 함유) 20g 요거트가루 40g
중력분 16g

토핑 · · · **요거트 크림**
크림치즈 150g 동물성 휘핑크림(유지방 35% 함유) 60g 요거트
가루 60g

장식 · · · 블루베리 리플잼 적당량 좋아하는 과자 적당량

요거트 크림치즈

1   볼에 크림치즈를 넣고 주걱으로 풀어 주세요.

2   체 친 슈거파우더, 중력분, 요거트가루를 넣고 골고루 섞어 주세요.

3   완성한 요거트 크림치즈는 랩핑하여 반나절~하루 동안 냉장 휴지해 주세요.

쿠키 반죽

1   볼에 황설탕, 소금, 녹인 버터를 넣고 주걱으로 가볍게 섞어 주세요.

2   1에 물엿, 달걀을 넣고 완전히 섞어 주세요.

3   체 친 강력분, 아몬드가루, 베이킹소다를 넣고 주걱으로 가르듯 섞어 주세요.

4   가루가 절반 정도 섞이면 데친 건조 블루베리를 넣고 섞어 주세요.

블루베리 요거트 케쿠

5   가루가 보이지 않으면 주걱이나 손으로 가볍게 치대어 찰기 있고 윤기 나는 반죽을 만들어 주세요.

     대량으로 반죽할 경우 체중을 실어 손바닥으로 반죽을 치대는 것이 좋습니다.

6   완성한 반죽은 랩핑하여 20분간 냉장 휴지해 주세요.

     완성한 반죽의 적정 온도는 24~26℃입니다.

7   냉장 휴지한 반죽을 4등분 한 후 손바닥 크기로 눌러 주세요.

     휴지가 끝난 반죽의 적정 온도는 18~19℃입니다.

8   7의 반죽 위에 요거트 크림치즈를 올린 후 손으로 동그랗게 감싸 주세요.

9   180℃에서 10~11분간 구운 후 팬째 완전히 식혀 주세요.

요거트 크림 & 완성

1   볼에 크림치즈를 넣고 핸드믹서 저속으로 부드럽게 풀어 주세요.

2   1에 동물성 휘핑크림을 넣고 핸드믹서로 섞어 주세요.

3   요거트가루를 넣고 부드러운 뿔이 설 정도로 휘핑한 후 사용 전까지 차갑게 보관해 주세요.

4   완전히 식은 케이크 쿠키 위에 블루베리 리플잼을 올려 주세요.

5   아이스크림 스쿱으로 요거트 크림을 떠서 4 위에 올려 주세요.

6   블루베리 리플잼과 좋아하는 과자를 꽂아 주세요.

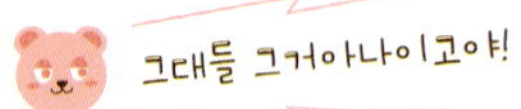

건조 과일은 식용유를 입혀 유통되기 때문에 세척하지 않고 그대로 사용하면 다소 느끼해질 수 있고, 오븐 열로 인해 과일이 새까맣게 타버릴 수 있다이고야! 그렇기에 건조 과일을 사용할 때에는 뜨거운 물에 데쳐서 식용유를 씻어 내야 한다이고야! 이때 데친 건과일의 수분이 반죽에 포함될 수 있으니 키친타올이나 행주를 사용하여 물기를 최대한 제거해 보자이고야! 또한 건조 과일은 깨끗한 밀폐용기에 담아 냉동 보관이 하는 것이 좋은데, 식용유가 산폐되어 좋지 않은 냄새가 날 수 있기 때문이다이고야! 꽤나 귀찮은 전처리 작업이지만 천 리 길도 한걸음 부터다이고야! 맛도리를 위해 함께 귀차니즘을 극복해 보자이고야!

33

침샘폭발!

레몬 오렌지 요거트 케쿠

땀이 삐질삐질 흐르는 더운 여름이면 상큼한 충전이 필요해요. 이때 상큼한 디 저트를 먹으면 눈이 번쩍, 기운이 마구마구 솟아나는 것 같아요. 새콤달콤한 재 료들 모두 모아 상큼 달달한 맛의 침샘폭팔 디저트 만들어 볼까요?

도구   계량저울, 내열용기, 체, 볼, 주걱, 핸드믹서, 아이스크림 스쿱, 오븐 팬, 적외선 온도계, 랩

재료   **메인**   · · ·   **쿠키 반죽**
4개 분량
버터 58g 황설탕 75g 소금 0.7g 물엿 32g 달걀 20g 강력분 125g 아몬드가루(95% 아몬드분말) 30g 베이킹소다 1.2g 레몬 제스트 5g

속   · · ·   **오렌지 크림치즈**
크림치즈 150g 슈거파우더(전분 5% 함유) 20g 중력분 16g 요 거트가루 40g 오렌지필 30g

토핑   · · ·   **요거트 크림치즈(냉장 상태로 준비)**
크림치즈 150g 동물성 휘핑크림(유지방 35% 함유) 60g 요거트 가루 60g 레몬제스트 5g

초콜릿 크림
양생용 오렌지초콜릿(오렌지컴파운드초콜릿) 60g 식물성오일(포도 씨유 또는 카놀라유) 8g

장식   · · ·   오렌시 리플샘 석낭량 좋아하는 과자 적당량 스프링클 적당량

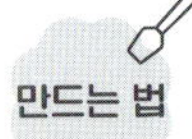

오렌지 크림치즈

1 볼에 크림치즈를 넣고 주걱으로 풀어 주세요.

2 체 친 슈거파우더, 중력분, 요거트가루를 넣고 골고루 섞어 주세요.

3 2에 오렌지필을 넣고 잘 섞어 주세요.

4 완성한 오렌지 크림치즈는 랩핑하여 반나절~하루 동안 냉장 휴지해 주세요.

쿠키 반죽

1 볼에 황설탕, 소금, 녹인 버터를 넣고 주걱으로 가볍게 섞어 주세요.

2 1에 물엿, 달걀, 레몬제스트를 넣고 완전히 섞어 주세요.

3 체 친 강력분, 아몬드가루, 베이킹소다를 넣고 주걱으로 가르듯 섞어 주세요.

4 가루가 보이지 않으면 주걱이나 손으로 가볍게 치대어 찰기 있고 윤기 나는 반죽을
만들어 주세요.

🥄 대량으로 반죽할 경우 체중을 실어 손바닥으로 반죽을 치대는 것이 좋습니다.

5   완성한 반죽은 랩핑하여 20분간 냉장 휴지해 주세요.

    완성한 반죽의 적정 온도는 24~26℃ 사이입니다.

6   냉장 휴지한 반죽을 4등분 한 후 손바닥 크기로 눌러 주세요.

    휴지가 끝난 반죽의 적정 온도는 18~19℃입니다.

7   6의 반죽 위에 오렌지 크림치즈를 올린 후 손으로 동그랗게 감싸 주세요.

8   180℃에서 10~11분간 구운 후 팬째 완전히 식혀 주세요.

요거트 크림치즈

1   볼에 크림치즈를 넣고 핸드믹서 저속으로 부드럽게 풀어 주세요.

2   1에 동물성 휘핑크림을 넣고 핸드믹서로 잘 섞어 주세요.

3   요거트가루, 레몬제스트를 넣고 부드러운 뿔이 설 정도로 휘핑한 후 사용 전까지 차
    갑게 보관해 주세요.

초콜릿 크림 & 완성

1   녹인 양생용 오렌지초콜릿에 식물성오일을 넣고 주걱으로 섞어 주세요.

2   완전히 식은 케이크 쿠키 중앙의 요거트 크림치즈를 스푼으로 밀어 공간을 만든 후
    그 안에 오렌지 리플잼을 채워 주세요.

3   아이스크림 스쿱으로 요거트 크림치즈를 떠서 2 위에 올린 후 1의 초콜릿 크림을
    뿌리고, 스프링클과 좋아하는 과자를 올려 주세요.

상큼한 레몬은 반죽을 산성화시키는 재료다이고야! 산성화된 반죽은 볼륨이 커지며 조
직이 부드럽게 변하고, 설탕과 단백질 열에 의한 구움색 반응인 '마이야르 반응'을 억제
시켜 부드러운 구움색을 낸다이고야! 또한 반죽의 산성 성분은 화학적 팽창제와의 작용
을 활발하게 하기 때문에 더 큰 볼륨의 반죽을 얻을 수 있다이고야! 그렇기 때문에 팽창
제를 사용하는 반죽은 생지 상태로 오랫동안 보관 하지 않는 게 좋다이고야! 왜냐하면
생지 상태에서는 화학적 팽창제가 화학 작용을 멈추지 않기 때문이다이고야! 제과의 이
론을 섭렵해 나가며 함께 멋도리로 거듭나보자이고야!